21世紀地球寒冷化と国際変動予測

丸山茂徳 著

吉田 勝 訳

東信堂

プロローグ

　地球環境は46億年の長い地球史を通じてさまざまに変化してきた。気候変動も同様であり、地球史を詳しく解析することなしに気候変動を予測することは、人の育ちを知らずにその行動を予測するのに似てナンセンスである。気候変動はまた、地球システムの一部であり、当然、システムを構成するさまざまな要素に影響される。短期的なそれらは太陽活動、大気組成、火山活動、宇宙線強度、地磁気強度であり、長期的には海陸分布変化などのいろいろな地質事件も大きな影響をもつ。本書で詳しく説明するように、宇宙線と地磁気は地球の平均気温に決定的に影響する、地球を覆う雲量に影響する重要な気候支配要素である。さらに、太陽活動も含め、これらの要素はお互いに干渉し合い、強くなったり弱くなったりする。気候変動の研究のためには、これらの諸要素を総合的に解析する必要がある。このような総合的な見地なしに気候変動を語るのは、病人を体温データだけで診断するようなものである。地球温暖化とその二酸化炭素原因説を強調するIPCC（気候変動に関する政府間パネル）報告は、まさに上記の総合的な見地を欠いており、世界を誤った方向に導いているのである。

　本書は、このような地球システムを構成するすべての要素の変動のメカニズムと相互の干渉作用についての最新の研究成果を踏まえ、21世紀の地球は温暖化でなく寒冷化に向かうという予測を示す。そして今人類は地球温暖化の危機ではなく、人口爆発と資源涸渇の危機に直面しており、その危機はまた、寒冷化の到来によって一層深刻なものになるのである。人

類は今、二酸化炭素削減の努力でなく、地球寒冷化に備え、人口縮小と新エネルギー開発に向けて国際協力を開始すべきときであることを強調する。

IPCCの第3次及び第4次報告書は上記のように、地球システムとしての気候変動を理解せず、総合的な見方を欠いた報告であるが、しかしその影響は強力であった。以下にそのIPCC報告をめぐる動きについて若干紹介しておこう。

〈科学者が、国際政治にこれほど強いメッセージを送ったことがあっただろうか。その発信元は「気候変動に関する政府間パネル（IPCC）」である〉

これは、朝日新聞2007年11月24日付けの、『脱温暖化 科学者の発信を政治家へ』と題した社説の書き出しである。この年にはIPCCの3部会がそれぞれ厚い報告書を出し、それに基づいて統合報告書がまとめられ、同年11月の第27回IPCC総会で承認された。

統合報告書の中の「政策決定者のためのまとめ」は、21世紀は過去100年間よりもさらに温暖化が進むと指摘し、今後20～30年間の対策次第で「脱温暖化」の行方が決まると警告し、世界各国の強力な対策を求めている。いわば、科学者共同体全体の強い意思として、「人間の活動が地球の限界にきている」と述べ、これを受けて政治も動き出しているのだ。

その具体的な対策とは、「二酸化炭素排出量削減」であった。

2007年のドイツ、ハイリンゲンダム・サミットで、わが国の安倍晋三首相は「わが国は2050年までに二酸化炭素の排出量を50%削減する」という、大きな目標を世界に向けて宣言した。

世界の潮流は地球温暖化の原因を人為二酸化炭素ガスと決めつけ、これに対する疑問や反対の声は許されないような状況であり、巷には「エコ」、「地球にやさしい」などという言葉があふれている。温暖化対策は地球に住む私たちの最重要な緊急課題であり、「二酸化炭素排出を削減すべし」とい

う論調が世の中に浸透している。あたかも新興宗教のようだと指摘されるほどの急激で強力な潮流であり、しかも官民一体の圧力となっているのである。

地球平均気温がここ200年ほどの間に上昇してきたのは事実であるが、しかし本当に「地球温暖化」は今後さらに進むのだろうか。そして、その「犯人」は本当に二酸化炭素なのだろうか。

これにきちんと答えられる人はいないであろう。一般の人だけでなく、研究者でも説明できる人はいないであろう。それは、気候変動というものは、太陽活動、ミランコビッチ・サイクル、宇宙線照射強度、地磁気など多くのファクターに影響されているからである。しかもこれらのファクターの変動機構が明らかでないために、それらの変動予測も不可能である。ちなみにIPCCの予測ではこれらの変動はほとんど考慮されていない。さらにIPCC予測では、過去の気候変動解析がほとんど生かされていない。

実際のところ、日本では一般的にはまったく報道されていないが、地球温暖化の原因を人為炭酸ガスとすることについては、大勢の科学者が疑問をもっているし、本書で述べるように、地学関係では学会でも圧倒的な多数意見になると思われる。しかし一般に、学会がそのような疑問や結論を発表することはないのであり、そのためIPCC報告はそのまま社会に通用しているという側面もあるだろう。

しかし本書で指摘するように、地球の気温変動の要因は、大気中二酸化炭素ガスの増減よりは、「太陽と地磁気の活動度によって強く影響される宇宙線の照射量が支配する雲量」がはるかに大きく本質的である。そして実際に、最先端の専門家たちの研究の中心は、雲量を左右する環境制御技術へと移っており、雲量を定期的に観測するための人工衛星の開発と打ち上げへとすでに動き始めている。

本書は上記のすべての気温支配要因の過去の変化と、古気候データの解析を第3章と第4章で示し、地球は今後温暖化するのではなくて寒冷化に向かうであろうとの結論を示している。

少なくない科学者がIPCCの結論に疑問をもっているが、しかしIPCCの政治的立場は強力で、普通の科学者個人が反対意見を表明するのは至難のことであり、そのため反論や疑問は世間にほとんど出てこなかったのが実情である。しかし最近は、とりわけ欧米でそのような意見が多く発表されるようになり、メディアでも取り上げられている。

　簡単にいえば、二酸化炭素を含む温暖化ガスの働きなどよりも、雲のほうが気温に大きな影響を与えることは自明の事である。そして、その雲の量は宇宙線照射強度によって左右されるということがかなり確かなこととして報告されているのである。それにもかかわらず、いったん動揺した世の中、とりわけ日本社会は一向に軌道修正をしようとしない。なぜ、「地球温暖化二酸化炭素犯人説」がこれほど暴走するようになってしまっているのであろうか。

　私は、科学と政治が接近し、科学者が環境政策について提言を行うようになったこと自体は歓迎すべきことだと思っている。政治家が政策を決定するときに科学者たちの考えや研究成果を取り入れることは不可避のはずであるし、とりわけ地球の環境という自然科学現象であってかつ、私たちの将来に重大な影響をもつ大きな問題ではまったく当然のことである。

　私はまた、いうまでもないが、地球環境問題は大変に重要なテーマであると考えている。しかし現状では、科学者も政治家も「地球温暖化」だけにとらわれ、近い将来に起こるだろう本当に恐ろしい問題をまったく見ていないのである。見ている人がいるかもしれないが、わざと避けて通っているのであろう。

　その問題とは、ローマクラブが1972年に指摘した、人口増加によって資源・食糧不足が起きる、いわゆる「2020年問題」である。これらの問題については第5章で詳しく指摘する。大気中に毎年1ppmずつ増える二酸化炭素ガス（これは年間0.004℃の気温上昇効果をもっている）に比べて、世界人口は毎年8000万人ずつ増加しており、このような人口増加は食糧と資源の不足をもたらし、それらをめぐる人類社会の軋轢を生み出している。寒冷化の到来は食糧とエネルギー問題を一層際立たせるであろう。さ

らに第5章で指摘しているように、水と空気の汚染がまた、人類にとって大変に重大な問題をはらむ。

　IPCCが膨大な数の論文をレビューし、それらから一定の結論を得るべく大きな努力をしたことは大きく評価されるところだろう。しかし第2章でのべるように、報告書全体を通じて気象学、それもとりわけ数理気象学的な側面だけが重視され、太陽活動、宇宙線や地磁気など多分野にわたる総合的な観点がほとんど欠如していること、さらに古気候、とりわけ地質学的観点からの報告の軽視の姿勢が彼らの基本的な間違いである。さらに、第2章やエピローグで指摘するように、多くのデータや議論から結論を得る段階での、とりまとめ責任者の恣意的な姿勢は結論の正当性を疑わせるものだ。

　私がなぜこの本を書こうと思ったか。
　私は地質学者として、太陽と惑星と地球との悠久なる歴史を研究してきた。世界中の地質を研究し、地層に含まれる物質を分析していくと、過去の地球上の環境、例えば古気候、宇宙線照射強度、生物の進化、水や空気の組成変化などを知ることができる。人類の歴史も含め、過去の自然の変動史を知るということは、自然変動の原理を理解することにつながり、それは未来の予測もできるということである。過去の温暖化の要因を探れば、将来の気候変動を予測できると言うわけである。
　私は、知恵とお金と労力を出し合って取り組むべきずっと大きな問題があるのに、地球温暖化対策、しかも「二酸化炭素の排出量削減」という、極めて小さく狭い、しかも対策としては的外れなテーマに世界が踊らされていることに大変な危機感をもったのである。危機が訪れるまでにまだまだ時間があり、人類にお金と労力があり余っているのなら、それでもかまわないであろう。しかし、私たちには時間がないのである。
　危機は今世紀中に、確実に訪れる。本文で述べるようにその兆候はすでにみられるのである。
　私が探求している研究テーマの中では、気候変動研究は小さな部分を占

めているに過ぎない。しかし、あまりに的外れな、現在の「地球温暖化論争」に対して何かしなければ、と思ったのである。なぜこのような、トンチンカンな事態になってしまっているのか。地球の今後の気候変動を予測するには、地質学、気象学、物理学、天文学など、さまざまな学問の専門家の知識が必要である。それもただ専門家や知識が集まっただけではどうにもならず、それらを有機的に総合できる、広く、自由な見識と立場をもつ科学者集団が必要である。しかしながら現在の科学の世界では、研究が細分化され過ぎており、とりわけIPCCのとりまとめ担当の人たちには総合的で広い自由な見方が欠如しているように見える。あるいは、彼らはそれを自ら封印しているのではないかとさえ疑われるのである。

　温暖化問題の決着は10年以内につくであろう。結論的には、その期間内に「温暖化」どころか、「グローバル・クーリング」、すなわち地球の寒冷化が始まるからである。こればかりは科学者の長い議論をまつことなく、地球が、自然が、自ら証明してくれるはずである。読者にそれを納得していただくために、地球全体のシステムとその歴史についての話題を交えながら話を進めよう。

21世紀地球寒冷化と国際変動予測／目次

プロローグ …………………………………………………… i

第1章　21世紀の気候予測　　　3

太陽、宇宙線、雲、地球の平均気温の因果関係 ……………… 3
過去1000年間、現在と未来の太陽活動 ……………………… 6
宇宙線の変化 ……………………………………………………… 8
最近の地球の平均気温変化 ……………………………………… 9
最近数年間の異常気象は寒冷化の予兆 ………………………… 11

第2章　押しつけられる地球温暖化　　　13

IPCC報告と『不都合な真実』 ………………………………… 13
地球温暖化を受け売りする日本の環境省 ……………………… 18
二酸化炭素犯人説はどこからきたか …………………………… 19
IPCC報告と自然のかい離 ……………………………………… 21
自然界の緩衝作用を軽視するIPCC ……………………………… 25
IPCCの意図的データ操作 ……………………………………… 28
スーパーコンピュータの妄信は自然の無視 …………………… 33
科学と政治の結びつきの結果は？ ……………………………… 36
温暖化か寒冷化か？－決着は10年以内 ……………………… 38
京都議定書で苦しむ日本 ………………………………………… 39

第3章　二酸化炭素犯人説は間違い　44

　　二酸化炭素増加と地球温暖化はどちらが先か？ ……… 44
　　太陽が地球温暖化の主犯か？ ……………………………… 51
　　太陽エネルギー強度に大きく影響する
　　　　　ミランコビッチ・サイクル ……………………………… 55
　　気候変動に及ぼす宇宙線、地磁気と火山活動の効果 …… 58
　　暗い太陽のパラドックス …………………………………… 64
　　最新研究が明らかにする地球の周期的変動と気候変動 … 66
　　疑問や反論を口に出せない日本の科学者たち ………… 69
　　刷り込まれる「二酸化炭素犯人説」……………………… 71
　　温暖化危機と二酸化炭素犯人説を煽るマスコミの責任 … 73

第4章　寒冷化はすぐそこまで来ている！　76

　　現在は氷河時代の中の短い間氷期 ……………………… 76
　　地球寒冷化が生物大絶滅をもたらす …………………… 81
　　人類・生物界が繁栄してきたのは地球温暖化時代 …… 85
　　地球寒冷化による民族大移動の歴史 …………………… 87
　　地球環境変化は生物進化に影響 ………………………… 90
　　寒冷化によるダメージ軽減の準備 ……………………… 92

第5章　気候変動・地球汚染と成長の限界　94

　　地球システムの全体像
　　　　―分野横断型共同研究プロジェクトの成果 …………… 94
　　気候変動研究には多分野の専門家の有機的協力が必須 …… 98
　　ヒートアイランド現象とその対策 ……………………… 100
　　恐ろしい水と空気の汚染 ………………………………… 104

「成長の限界」－人口爆発と資源枯渇の危機 ………… 107

第6章　未来に向けて人類の叡智を！　　　　　　　112

　　日本の貧しい哲学と科学 ………………………………… 112
　　戦略に乏しい日本 ………………………………………… 115
　　寒冷化と人口爆発が飢饉と戦争の危機を呼ぶ ………… 118
　　石油節減と新エネルギー開発への努力 ………………… 120
　　科学の進歩と人類の未来 ………………………………… 123
　　地球の進化史と人類の進歩 ……………………………… 126
　　人口爆発が最大の環境問題 ……………………………… 131
　　人口縮小プログラムを緊急に！ ………………………… 135

　　エピローグ ………………………………………………… 138

　●引用文献(抄) ……………………………………………… 142
　●図の転載許可への謝辞 …………………………………… 146
　●訳者あとがき ……………………………………………… 149
　　索引 ………………………………………………………… 151

　　　　　　　　　　　　　　　　　図版作成：渡邉志緒

21世紀地球寒冷化と国際変動予測

第1章 21世紀の気候予測

　今日、我々科学者には21世紀の気候変動を予測することが期待されている。本章では、このトピックスに関する最新の研究成果と実測データを紹介し、それによればよく言われるような温暖化ではなく、実は寒冷化が迫っていることが確実であることを示す。第3章で詳しく述べるが、気温変化に最も大きく影響するのは太陽活動、宇宙線強度、雲量と温室効果ガスであり、その他に地球の軌道要素(ミランコビッチ・サイクル)、地磁気強度と火山活動が挙げられる。以下に、最も基本的な気候変動の要因である太陽、宇宙線と雲についての最近1〜2年間のデータと議論を踏まえて、21世紀は温暖化ではなく、寒冷化に向かう可能性が高いことを示す。そして最近の地球平均気温の変化の傾向は、その寒冷化がすでに始まっている可能性を示していること、さらに、最近の異常気象はその予兆であることを指摘する。

太陽、宇宙線、雲、地球の平均気温の因果関係

　本書第3章で地球表層の大気環境、とりわけ気温を支配する要素について詳しく議論するが、要約すれば、太陽、宇宙線、雲量と温暖化ガスをもった地球大気、及び地球磁場が重要な要素となる。
　これらのうち、IPCCを中心に、圧倒的に強力な効果をもつ要素が温暖化ガスであると、専門家である科学者共同体から外側の世界へと喧伝され

てきた。しかし、その温暖化ガスについても、90％は水蒸気が正体である。残りの10％程度が二酸化炭素なのである。水蒸気が最大の温暖化ガス成分であることは、世間にはあまり知られていない。

　水蒸気の温室効果は確かに圧倒的だが、水蒸気の間は強力な温暖化ガスになるが、凝結して水を生じ、それが雲になると逆に寒冷化を引き起こす最大の要因へと変貌する。つまり、太陽からみると、地球は白衣を着た物体となり、太陽光を反射してしまうからである。アルベド(反射率)が100％の雲があれば、１％の変化が地球平均温度を1℃変化させる。地球を覆う雲は平均して50％もあり、人工衛星の観測によると、過去25年間で±1.5％程度変化している。一方、過去25年間に上昇した気温は0.2℃程度に過ぎない。

　太陽、宇宙線、地球の平均気温の観測の結果、これらの値は予測されたとおり、すべて関連して変化している。このことは、地球の気温が宇宙線‐太陽‐雲の因果関係によって決まっていることを強く示唆している。この説はもともとスベンスマーク(Svensmark, 1998)によって提唱されたものであるが、彼は過去50年間のデータに基づいて、雲‐宇宙線照射量‐太陽活動の相関関係からモデルを導いた。実は50年間のデータで示される変動幅は非常に小さいものであるが、それにもかかわらず、データから導かれた彼の作業仮説の正しさは驚くほどである。

　私は1000年前まで遡って、宇宙線照射量(杉の年輪の^{14}C同位体分析、Stuiver & Braziunas, 1988)、太陽活動(黒点数とオーロラ観測結果、Eddy, 1988)、地球平均気温(屋久杉の年輪の^{13}C同位体、Kitagawa & Matsumoto, 1995)を比較し、スベンスマーク(1998)の仮説を検討してみた(図1)。過去1000年間になると人工衛星による雲の観測データは得られないが、太陽活動が異常に弱くなり、黒点がほとんど現れない時代(マウンダー：西暦1650〜1700年、シュペーラー：西暦1400〜1550年、ウォルフ：西暦1300〜1350年)が含まれるので、スベンスマークの理論を検証するにはもってこいである。その結果は、驚くべきものだった。ほぼ完全に相関があったのである。上記の3回の太陽黒点最小期は宇宙線照射量が最大に上昇した時代

と見事に一致している。しかも、その時代は地球平均気温が最低に落ち込み、世界各地で食糧生産が落ち込み、各地で飢饉が頻発した。それらは次々に暴動や革命へと発展した。そういう時代だったのである。西暦1700年から現在までの変化をみると、太陽活動は徐々に活発化し、宇宙線照射量は徐々に減少し、気温は次第に上昇してきた。しかし、21世紀に入ってからは反転し始めているのである。

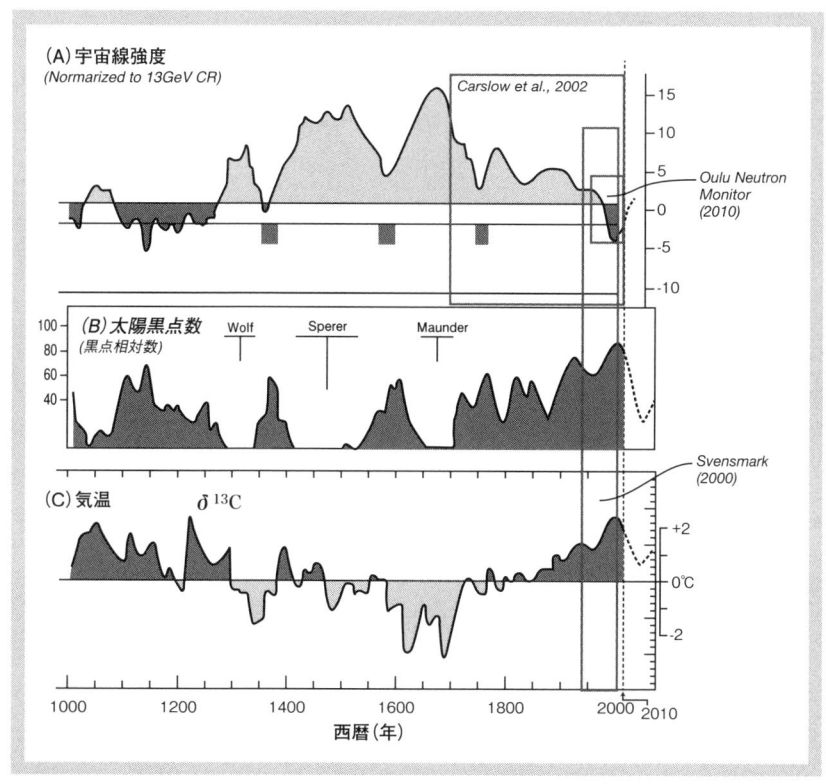

図1　宇宙線強度（A, 杉年輪の^{14}C量）、太陽活動（B, 黒点数とオーロラ活動）と気温（C, 屋久杉年輪の$δ^{13}$C）の過去1000年間の変化

三者の変化はよく対応している。
（Stuiver and Braziunas, 1988, Eddy, 1988, KitagawaとMatsumoto, 1995, Carslow et al., 2002, Oulu Newtron Monitor Center, 2010, Svensmark, 2000 から編集）

過去1000年間、現在と未来の太陽活動

　太陽活動の一般的な性質とその気温との関係については第3章(51頁)で述べる。ごく最近、2008年から2009年にかけて、太陽活動はこれまでの観測史上例のない異常な弱さを示しており、この傾向は2015年1月現在も続いている。2009年5月には観測史上の最小を記録した。太陽表面の黒点は完全になくなり、しかもその消失期間はすでに観測史上最長となった。2009年8月16日にようやく20～30の黒点が現れてゼロの状態を脱したが、この程度ではまだ11年サイクルの太陽活動の中では最低状態にある。人工衛星による太陽の放射エネルギーの直接測定も、観測史上最低を記録している。

　太陽の黒点数は太陽活動度を測る最も一般的な指標であり、最も多いときで300ほどで、少ないときは10～20になる。しかし、その数がゼロになるというのは本当に希なことである。過去300年間の記録によれば、黒点数は11年、50年と100年の周期で変化している(図2、21、26参照)。しかし、最後の11年サイクルは1997年に始まってすでに13年目に入っており、すでにこの原稿を書いている2010年6月には14年目に近づきつつある(図2)。こんなことはかつて西暦1600年～1700年にかけて1度だけ記録がある。そのときは黒点数は現在と同様に異常に少なくなり、マウンダー極小期と呼ばれた期間である。この期間の地球は全体として寒冷になり、小氷期と呼ばれたほどである。このことから日本では2009年に太陽物理学者らの集会で、地球が新しい氷期あるいは小氷期に入り始めた可能性が議論された。しかしこのときはまだもう少し観測を重ねる必要があるという結論に止まった。

　しかしその後も太陽活動の異常な状態は継続し、太陽物理学者らの間の議論は激しくなった。そんな中、2011年10月に米国の科学者らはニューメキシコで「今、太陽に何が起きているか」をテーマとした会合をもった。会議ではとりわけ、最近20～30年間の太陽活動の弱小化が、中世の小氷期の遠因とされる1635年から70年間続いた太陽活動のマウンダー極

小期直前の1630年代のそれとよく似ていることを認識し、当時の太陽活動の詳しい内容や、2013年以後の数十年間が太陽活動の極小期に入る可能性についての議論がなされた。

　例えば米国国立太陽観測所のビル・リビングストン博士とマット・ベン博士は、太陽黒点の磁場の数値が、1992年以来今日まで一方的に減少してきているデータを示した。また、NASAの太陽観測専門部門の責任者であるデイビッド・ハザウェイ博士は、2013年に極大期を迎える太陽活動のサイクル（11年サイクル）24は、この100年間で最も弱い太陽活動になるだろうと推測している。そして、サイクル25から太陽活動が極小期に入るかもしれないという予測を支持するデータが増加していると述べている(Earthfiles, 2011; Hathaway, 2013)。

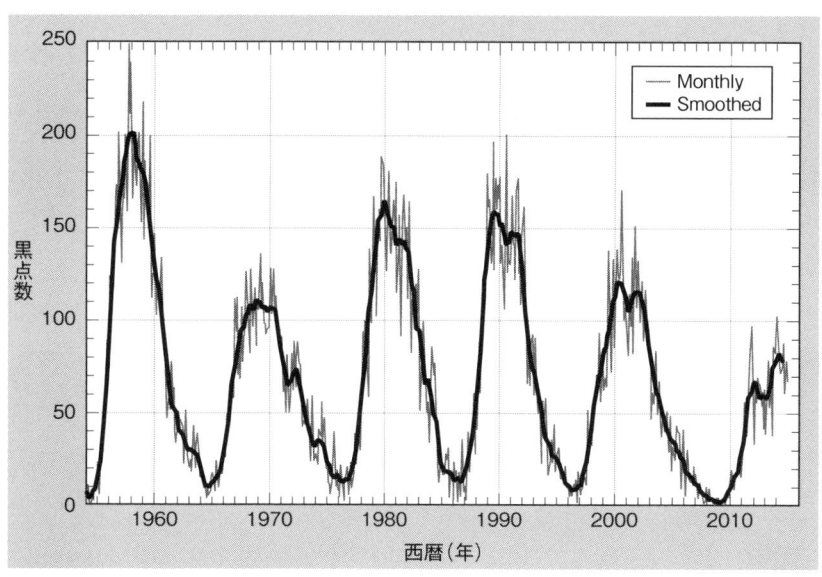

図2　最近50年間の太陽黒点数の変化

（Royal Observation of Belgium, 2015）

宇宙線の変化

　宇宙線照射強度の定時観測はフィンランドのオウル宇宙線観測所によって実施され報告されており(Oulu Newtron Monitor Cener, 2010)、インターネットでだれでもその結果を見ることができる。図3には過去50年間の宇宙線強度の記録を示した。さらに過去150年間あるいは過去1000年間の記録は樹木年輪の炭素14(^{14}C)の分析結果によって示されている(図1参照)。なお、図2と図3や図21、図22の曲線は、宇宙線強度が太陽活動度と逆の関係になっていることを示している。さらにこれらの図をみると、過去150年間、宇宙線強度は地球温暖化の進行と歩調を合わせて弱くなってきていることがわかる。そしてこの数年前から反転して強くなってきていることもわかる。宇宙線強度が弱から強に転じるということは、地球の大気温が温暖から寒冷に変わっていくことを示している(第3章、58頁参照)。

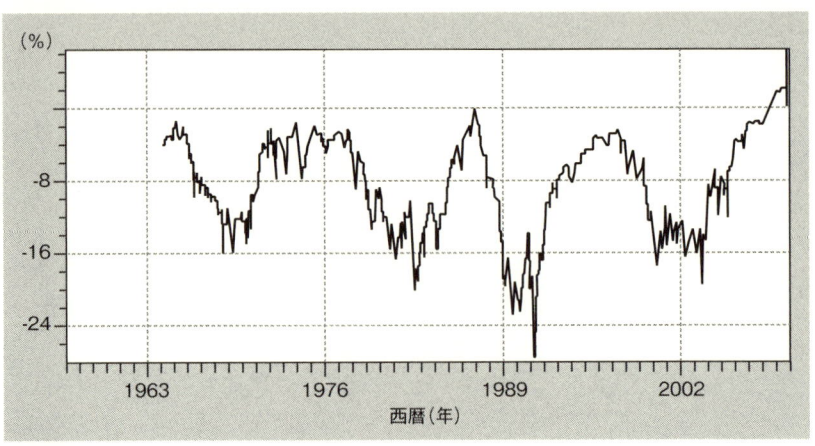

図3　過去50年間の宇宙線照射強度の変化

（NMDB database, Oulu Newtron Monitor Center, 2010）

最近の地球の平均気温変化

IPCCの報告書にも明瞭に記述されているが、地球の平均気温を反映するものに海水準変動がある(図4)。この図は過去150年間の地球平均気温変化(上)と海水準変化(下)を示している。この結果を眺めると、わずか20cmとはいえ、過去130年間にわたって、徐々に海水準が上昇したことがわかる。この上昇は地球全体の陸氷量(氷河と氷床)の減少を示していると考えられるので、結局海水面変化は気温変化の局地性や短期間の変化を是正し、地球平均気温変化をより正しく反映するよい指標になるのは確か

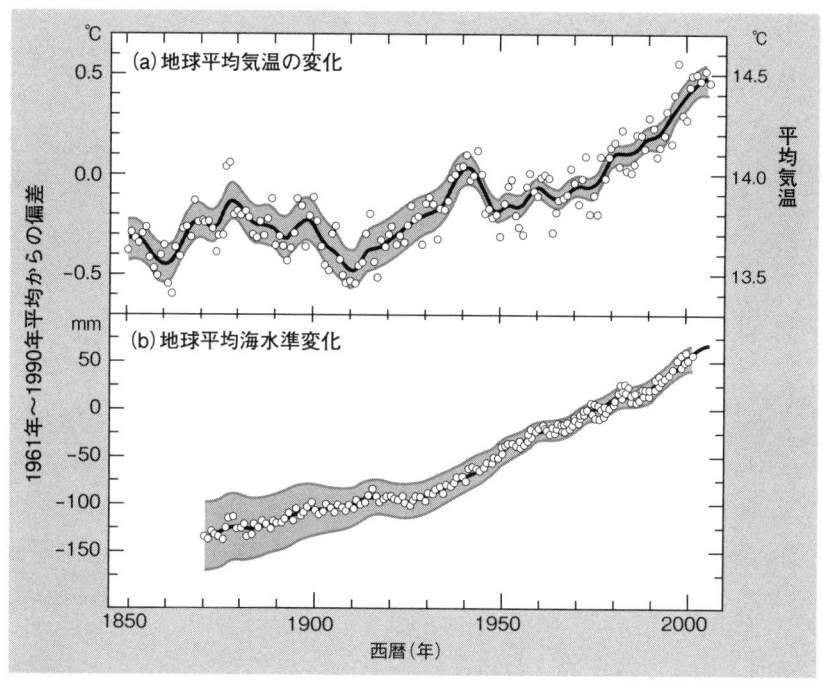

図4 過去150年間の地球平均気温と海水準変化

海水準変化は気温変化と長期的、平均的によく連動しているとみられる (IPCC, 2007)

であろう。

　しかし一方、人工衛星による最近50年間の地表の温度測定、とりわけ過去35年間の気温変化の測定結果はそれ以前の地球平均気温の測定結果とは質的に違う。精度が上がったのである。これを見ると(**図5**)、地球の平均気温はたしかに1976年以降、2005年頃まで少しずつ上昇してきた。この点では上の海水面変動からみる傾向が、正しく継続していたようである。

　しかし、人工衛星データは、2005年を境に地球平均気温は低下し始めたことを示している。2008年には21世紀に入ってからの観測では最低に落ち込んだ。そのために、何人かの研究者は、この気温データをGCM (地球気候変動モデル) の数値計算に組み込んで解析し、21世紀の気温が寒冷化に転じる可能性が高いことを主張し始めた(Eastering and Wehner, 2009)。この論文が受理された後で公表された2008年の気温が今世紀で最低になったことは、今世紀の寒冷化予測を支持するものだといえるだろう。

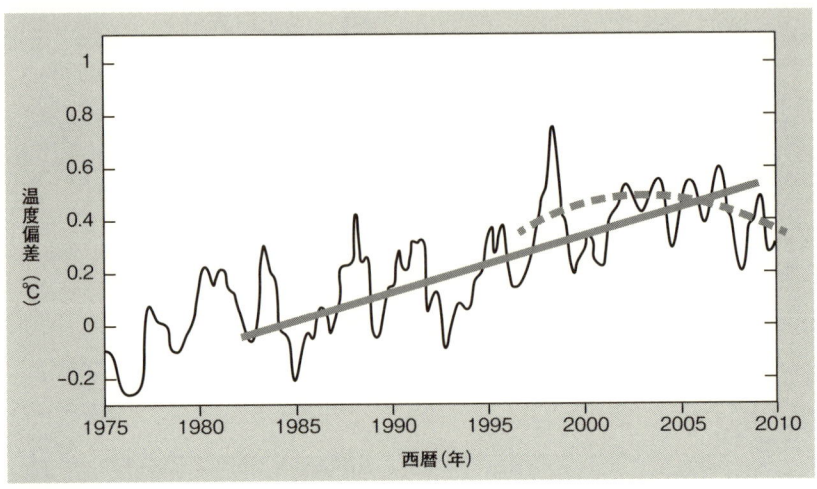

図5　過去35年間の地球平均気温変化

人工衛星による地球平均気温測定結果 (RSS homepage, 2012) では、過去30年間一方的に上昇してきた気温が2005年頃をピークに下降傾向にある可能性が見られるところに注意。破線は著者が加筆。

最近数年間の異常気象は寒冷化の予兆

　2010年の異常気象、とりわけ日本の夏の猛暑を覚えている人は、IPCCが予言している21世紀の異常気象がいよいよ現実的になったと感じたかもしれない。しかし私は、それとは逆に今世紀が寒冷化に向かう移行期にあたると主張してきたので、以下に、2010年の異常気象を簡単に説明しておこう。

　一言でいえば、100年あるいは数百年周期で起きる寒冷化の始まりは、今年のような異常気象が、その始まりを象徴する現象なのである。それは過去2000年の歴史の中で4回起きた。それぞれについてみると、その開始期に特徴的に見られる現象が、夏と冬それぞれの気温の振幅が、それ以前に比べて数倍にまで広がることなのである。例年に比べ、夏は一段と暑くなり、冬は一段と冷え込むというわけだ。

　また一方では、上空からの冷却とともに、地球を包む空気の流れが大きく変動する。例えば、アジア大陸全体としては厳冬になるが、北米大陸では暖冬といった現象が起こる(2010〜12年)。これはジェット気流の大き

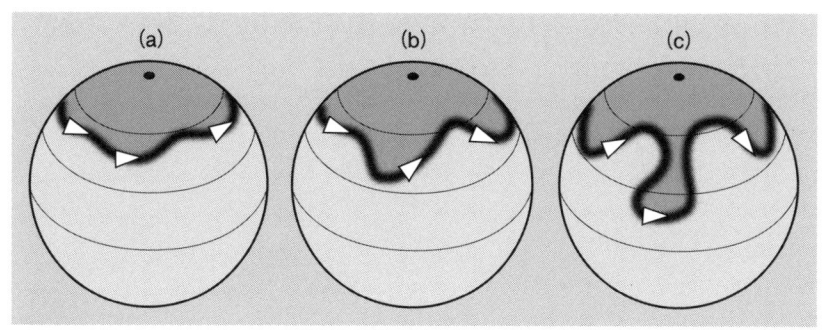

図6　北半球ジェット気流の蛇行

ジェット気流は (a)〜(c) のように年によって大きな変化がある（ウィキペディア英語版、http://en.wikipedia.org/wiki/File:N_Jetstream_Rossby_Waves_N.gif から引用）

な蛇行が直接的な原因である。偏西風あるいはジェット気流は、北極点を中心として、同心円状な気流ではなくて、南北方向に大きく蛇行する(図6)。この同心円的な流れの内側(北極側)に入ると冷たい空気の中に入るので、地表は寒いが、逆に外側に出ると暖かい空気の中に入るので、猛暑となる。日本列島周辺では、通常は夏といえども偏西風の位置は、中国の北京〜朝鮮半島の付け根からカムチャッカ半島の付け根付近を通過する付近であるが、2010年はその位置が大きく北上したままで、東アジア全体が高温の領域にすっぽりと入った。

　ロシアのモスクワも同様な変化を直接的に受けた。偏西風は通常、モスクワの南方を通過するので、モスクワは冷気に覆われるが、2010年の夏は、モスクワ北方の北極海まで北上した。そのために、モスクワは異常な猛暑となり、同時に乾燥化した。

　これとは逆に、偏西風の位置が南下した地域がある。それがインドの西方、パキスタンとアメリカ中西部である。パキスタンでは、猛烈な雨が降り、したがって、寒い夏が続き、数千万人が被災した。アメリカ東部が東アジアと同様に暑い夏が続いたのに比べ、アメリカ中西部では、逆に冷夏となった。

　このような、例年とは大きく異なった夏の気象の原因は、偏西風の異常な蛇行が原因であり、これは異常気象の原因と説明されるが、その異常気象は、長期的な寒冷化の予兆なのである。

第2章 押しつけられる地球温暖化

IPCC報告と『不都合な真実』

　今から10年ほど前の2001年に気候変動に関する政府間パネル(IPCC)が第3次報告書を出した。この報告は、地球ではかつてない温暖化が進行しつつあり、その原因は人類が排出した炭酸ガスが地球大気中に増加したためと考えられ、世界の国々は協力して炭酸ガス排出量の削減の努力を早急に開始する必要があると指摘している。

　この指摘を受けて、元米国副大統領のA.ゴアは映画『不都合な真実』で米国民に温暖化対策の必要性を訴えたのである。この映画でゴアは、次々と氷河縁で崩れる氷、氷が解けて湖になっていくパタゴニアの氷河、人々を襲うハリケーンと竜巻、旱魃でひび割れる大地、山肌から氷の消えたキリマンジャロ山など、次々とショッキングな映像を示し、地球温暖化の危機と、その原因となっている人為炭酸ガス放出量削減の必要性を訴えたのである。ゴアは米国副大統領として、1997年に京都で行われた第3回気候変動に関する政府間パネルの米国代表を務めた人で、京都議定書ができたのはこの会議でのことである。当時の米国大統領は民主党のクリントンだったが、ゴアが帰国したときに議会で多数を占めていた共和党が議定書に反対し、結局米国政府は署名を拒否してしまったのだった。その後大統領は共和党のジョージ・ブッシュに代わり、米国政府は地球温暖化問題に対して積極性を失い、議定書の科学的根拠は十分ではないと主張するよう

になった。

　映画『不都合な真実』では、京都の会議から帰国したゴアが地球温暖化の危機を切実に訴えている。地球温暖化はそれ以前にも何度か議論されたことがあるが、この映画は世界中に広く温暖化の危機感を広めることになった。『不都合な真実』は米国で史上5番目の興行成績を記録し、大きな反響を呼んだ。映画に引き続いて同じタイトルの書籍（ゴア，2006）も出版された。この大きな世論に押されて、ブッシュ大統領と米国政府は地球温暖化対策の動きを強めることになった。ゴア氏は京都議定書問題の仇を『不都合な真実』で討ったことになった。確信に満ちたゴア氏の語り口と、次々と見せられるショッキングな映像によって、映画『不都合な真実』は世界の人々の恐怖を煽った。

　書籍版『不都合な真実』も、多数の全面の写真やコンピュータグラフィックスを駆使しわかりやすく単純化した図やグラフが見事であり、それらの間の短いショッキングな説明がまた大変にわかりやすい。まことによく編集され、人類社会が直面している温暖化の危機を十分に訴えている。

　しかし、温暖化は本当に『不都合な真実』だろうか？また、温暖化の犯人が炭酸ガスというのは本当なのだろうか？私は読者の皆さんに本書でこの問題の正体をお見せしよう。ゴアの訴えるところは以下のようなことである。人類が多量の石炭や石油などの化石燃料を消費し始めた産業革命以後20世紀末までに地球の気温は0.6°Cも上昇した。彼はこの気温上昇の原因は温室効果ガスであり、とりわけ、人類社会が出し続けてきた炭酸ガスだと強調した。しかし、地球気温の上昇の原因は、温暖化ガス増加だけでなく、ほかにもいくつかありうる。とりわけ、過去100年間は太陽活動が大変に強い期間だったことは科学的事実としてよく知られている。また、ゴアの主張には簡単に否定されるようなばかばかしいところが少なくないのである。

　「地球大気は大変に薄いので、私たちはその組成を容易に変えてしまうことができる」とゴアは記している。ゴアは故カール・セーガン博士の「ボールの周りにニスを塗ってみよう。地球をとりまく大気層はこのボー

ルの周りのニスのように薄いのだ」を引用して大気の薄さを強調した。なるほど大気層が地球の大きさに比較して大変に薄いことは間違いない。地球には大気圏と水圏があり、生物はこのたかだか合計20kmの2圏でしか生きることはできないのである。20kmのところといえば、地表では自動車で20分足らずで通り過ぎてしまう距離である。これに対して固体地球の半径は6400kmであり、気水圏の320倍である。しかしそのことと人為源炭酸ガスが地球温暖化を招くほど大気層の組成を変えるかどうかは別問題である。

　ゴアは温室効果ガス、とりわけ人為源炭酸ガスがすぐに大気組成を変え、温暖化を促進すると説明し、人々の危機感を煽った。しかし、"ちょっと待て"だ。大気中の炭酸ガス量は重量比でわずか0.054％、体積比で0.04％なのである。これは同じ温室効果ガスである水蒸気の7分の1でしかなく、気温変化に対しては実に微々たる効果しかもっていない（第3章、44〜51頁参照）。確かに炭酸ガスは大気中温室効果ガスの中では水蒸気についで2番目の量ではあるが、その量はたったの0.04％なのだ。それにもかかわらず人々はそれが年々急激に増えていくと恐れているのである。

　現在大気中炭酸ガスは年間1〜1.9ppmずつ増加している（IPCC, 2007）。この増加量は最近では減少傾向にあり、ここ数年間はほぼ1ppm前後になっている。年間1ppm程度の割合でこのまま増え続けると仮定して、現在の大気中炭酸ガス量（400ppmとして）の倍に達するには400年ほどかかる計算となる。たとえ倍の量になったとしても気温上昇はわずか1.6℃程度である（46頁、図11参照）。ゴアの言うように大気層が非常に薄いことは確かであるが、同様に大気中の炭酸ガス量もその増加量もまた大変に少ないのである。たとえ現在のペースで炭酸ガスが増加し続けても、簡単に、かつ、すぐに"大気の組成が変わる"というようなことはありえないのである。

　『不都合な真実』では、"西南極あるいはグリーンランドの氷床が完全に溶けると海水面は7m上昇する"とされている。つまり、人類が現在の生

活スタイルを保ち、地球温暖化が進むと極地の氷は溶け続ける。そしてその結果、西南極かグリーンランドの氷床が完全に溶けてしまい、海水面は7m上昇し、低緯度地域の島嶼や海岸平野の大都市は水没の危機に見舞われるというわけだ。同書は、このようなことがどれだけ気温が上昇したら起こるのか、またそれはだいたい何年後なのかについては一切触れず、ただ危機を煽っているのである。

しかし極地域では、気温上昇は大気中の水蒸気量の増加をもたらし、それは降雪量の増加となり、氷床量の増加に直結する。実際にここ数十年間、北半球の氷河や氷床は後退したが、南極氷床の後退は認められていない。年平均気温が摂氏マイナス数十度の南極大陸では、摂氏数度(例えば4℃)程度の気温上昇では上述のように、氷床量は増加することがあっても減少することはないと考えられる。

近年のうちに海水面が7m上昇するというのは明らかにありえないことである。ゴアは何年後に起こるかを書かないので、人々はそれが近づいている、近い時期に起こると思ってしまう。しかし、IPCC報告でさえ、現在のペースで人類が炭酸ガス排出を継続し、地球温暖化が継続的に進行した場合でも、21世紀末期における海水面上昇は最大で60cmであろうと予測しているのである。この問題は、英国でも指摘された。英国高等裁判所は、映画『不都合な真実』を生徒に見せるときには、グリーンランド氷床の融解による海水面の7m上昇やキリマンジャロの氷帽消失などが近未来に起こるなど描写には科学的根拠がないことを明確にしなければならないとの判決を出したのである。

『不都合な真実』ではまた、1970年代以来、巨大ハリケーンや台風が頻度、強度のいずれも1.5倍になったと述べている。しかし、ハリケーンや台風の数や強さが近年急に大きくなったというような報告はない。ゴアが引用しているマサチューセッツ工科大学のグループの報告でもハリケーンや台風の数や強度は示されていないのである。これらの点を書かずに単に急増したと記述するのはまったく科学的でないといわざるをえない。さらに、このグループはいったいどのようにして過去のデータを現在と比較し

たのだろうか。現在の観測技術は過去のそれとは比較にならないほど進んでいるのである。実際に、最近になって上記の科学者グループは、ハリケーンの数や強度が増加しているという積極的な証拠はないとして、かつての彼らの報告を否定するようになった (Emanuel et al., 2008)。

　ゴアの主張の根拠は主に、気候変動に関する政府間パネル (IPCC) の第3次報告書に基づいている。IPCCは、地球温暖化と、それに対する温室効果ガスの影響を調査することを目的として世界気象機関 (WMO) と国連環境計画 (UNEP) によってつくられた組織である。2007年に出された第4次報告書では、世界各国から著者、編集者、査読者など4000人ほどの科学者が参加して報告書を書き上げたとされている。IPCCは具体的な研究を行う組織ではなく、既発表の学術成果を評価し、取りまとめて報告することを基本的な任務としている。国際機関であることと、多数の国から多数の科学者が参加した政府間パネルであることから、その報告書は各国政府に重く受け取られ、実際に多くの国では環境行政に反映されるようになっている。

　しかし、そもそもIPCC報告は本当に正しいものだろうか、それが問題である。IPCCの取りまとめ役を担った科学者らが学術論文やデータを評価したり取りまとめたりするに際して、意図的あるいは無意識の偏向はなかったであろうか？実は後述のように (エピローグ、138頁参照) 最近になってこのことが実際に大きな問題として指摘されるようになった。

　上記のようにIPCC報告書 (2007年) には約4000人の科学者がかかわり、そのうち代表執筆者は450人とされている。しかし実際に取りまとめの編集にかかわっているのは数十人と思われ、最終編集者は数人であろう。多数がかかわるということと編集が民主的であり正しく行われるということとはまったく関係がない。むしろ逆の場合も少なくないだろう。少なくとも、IPCC報告を金科玉条のごとく信じ切って疑わないということは大間違いといわざるをえない。

　IPCCは2007年に第4次評価報告書を発表した。報告書によれば20世紀半ば以降の世界の気温上昇が、人類社会が放出してきた温室効果ガス

に起因することは90％以上の確率で確かであるとされた。温室効果ガスのうち、水蒸気を除くと炭酸ガスが56.6％を占めている。このことから、IPCCの報告によれば、もし人類社会が炭酸ガス放出をストップすれば、地球温暖化の原因の半分以上はなくなるということになるのである。

　何はともあれ、2007年は地球温暖化狂想曲が始まり、『不都合な真実』が大ヒットしたという"記念すべき"年である。炭酸ガス排出量を削減せねばならないという意識が世界を席巻したこの年には、ゴアとIPCCはノーベル平和賞さえ受けた。マスメディアはIPCC報告を粗雑にかつセンセーショナルに受け止め、人為源炭酸ガスの増加が地球温暖化の唯一の原因であるかのようなキャンペーンをやり出した。さらに、異常気象、氷床後退、砂漠化、森林消失、永久凍土融解、森林火災、白熊の死、ハリケーンや台風の増加、島嶼の水没、さらには疫病まで炭酸ガス排出のせいと非難しだしたのである。

地球温暖化を受け売りする日本の環境省

　メディアだけではない。日本の環境省発行(2005年)の「ストップ地球温暖化」パンフレットを見てみよう。このパンフレットでは2004年に起こった世界の異常気象の例が、次々と紹介されている。ハイチやドミニカで起こった豪雨災害と大洪水、スペインとポルトガルの熱波と森林火災、ブラジルの豪雨と洪水、そして日本の例も上陸した台風数が最大だったとか、大手町での真夏日が70日あったことなどが示されている。かくして読者の不安を十分に煽ったあと、パンフレットは温暖化の機構と原因を述べている。ここでは温室効果ガスが気温上昇の原因であるとされ、毎年の気温上昇カーブが大気中炭酸ガス量の増加カーブと平行するグラフが示されている。専門知識のない一般の人々は疑うことなしに炭酸ガスが温暖化の元凶だと信ずるに十分な内容となっている。ある意味ではこのパンフレットは大変によいできだと言えるであろう。これらのグラフは最近の気温上昇と炭酸ガス増加を明瞭に示しており、データには確かに間違いはな

いのである。しかしこれらのデータから、「危機に瀕する地球を守るために炭酸ガスを減らせ」のシュプレヒコールが日本にあふれるのである。あたかも上記のようなすべての現象が炭酸ガス増加に起因するかのようになってしまうのである。

環境省のパンフレットはインターネットでだれでもダウンロードすることができる。読者の皆さんは同省のパンフレットがここで述べたとおりであることを確認できる。本書を読み終えたら、このパンフレットをご覧になることをお勧めする。読者は環境省が地球温暖化対策をいかに単純に理解したか（あるいは国民に理解させようとしたか）に驚くに違いない。国民をこのように不安にさせるわが国の政府は、地球温暖化問題についていったいどのような理解と戦略をもっているのか、まったく不思議である。政府が自分でいろいろと研究した結果を踏まえたのであれば理解できるところもある。しかし、政府はただIPCC報告をそのまま受け入れ、全体の流れに乗っているだけのようにみえる。一国の方針を決める立場の人々が何の疑いもなく炭酸ガス犯人説を信じてよいのだろうか？

第3章で述べるように、私は地球温暖化の主犯は炭酸ガスではありえないと信じている。そして最近の私たちのグループ研究の成果に基づいて私は、次章以下で述べるように(66〜68頁、76〜81頁参照)、近いうちに温暖化は終わり、逆に寒冷な気候がくると予測している。

二酸化炭素犯人説はどこからきたか

ここではまず、IPCCが主張する温室効果ガスによる気温上昇説を紹介する。IPCC第4次報告書では、最近の一方的な地球大気と大洋の温度上昇と海水面上昇から判断して地球温暖化が進行していることは確実で間違いなく、また、20世紀半ば以後の気温上昇の原因が人類排出の温室効果ガスにあることも高い確率で指摘されるとしており、地球温暖化の危機を乗り越えるためには人類社会が温室効果ガス排出量を減少させねばならないと結論している。

温暖化の原因としての炭酸ガス犯人説の起源は、1986年にこれを最初に指摘してノーベル化学賞を受賞したスヴァンテ・アレニウス博士であろう。さらに、間接的ではあるがこのアイディアにかかわっているのはケンブリッジ大学のジョン・シャックルトン博士の仕事である。彼は黒点数で推定する太陽の活動度と実際に地上に到達する太陽エネルギーの関係を調べた。地表の単位面積あたりの太陽エネルギーの量（ワット数）は太陽黒点数の増加に伴って増大することが知られていた。しかし彼は、太陽黒点数が増加するにもかかわらずワット数が増加しない期間が過去にあったことを見出した。つまり、地表に到達する太陽エネルギー量をコントロールする何か別のファクターがあり、太陽活動だけでは気温変動を説明できないというわけだ。では何があるのか？シャックルトンはグリーンランドと南極氷床の氷に封じ込められた昔の大気組成を測定し、気温変動の指標である酸素同位体比と大気組成中のメタンと炭酸ガスの濃度の和が見事な正の相関を示すことを発見した。過去40万年間の温暖期には必ずこれらの温室効果ガス量の顕著な増加が認められたのである。このことはその後さらに過去65万年間のデータでも示されている（IPCC, 2007, 図7）。

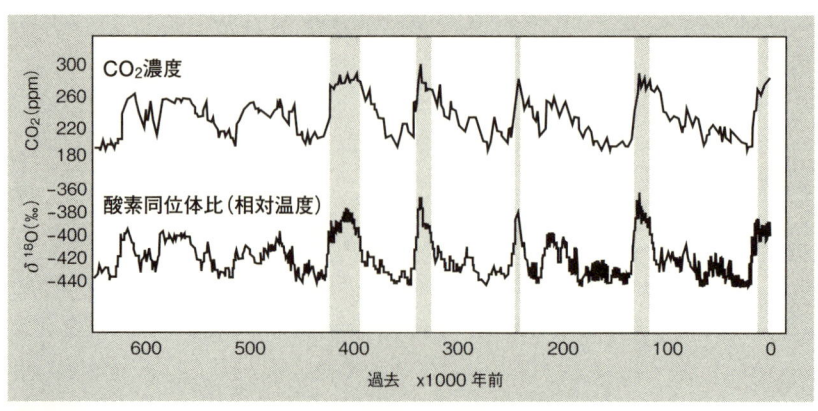

| 図7 | 南極氷床コア解析で得られた過去65万年間の気温と大気中炭酸ガス濃度の変化記録 |

(IPCC, 2007)

実はこのような関係には二つの説明が可能である。気温上昇によって炭酸ガス量が増加したか、あるいは炭酸ガス量の増加によって気温が上昇したかである。シャックルトンが上記の研究をした頃に、ちょうど金星探査機が打ち上げられて、金星大気は地球の90倍の大気圧であり、その大部分は炭酸ガスであることが明らかにされた。金星の表面温度は500℃と著しく高い。これは金星が多量の炭酸ガス大気に覆われているためと考えられたのである。類似の現象は地球でも認められた。地球温暖期でも太陽活動が弱い場合が認められ、そのようなことは炭酸ガスの影響であるとされたのである。惑星科学の進歩が上の理論を支持し、多くの科学者が炭酸ガス犯人説のとりこになったのである。

　地球温暖化の炭酸ガス原因説にはさらに別のものがある。約30億年前の太古代には太陽輝度は現在の70％ほどしかなかったと考えられている。この考えは簡単な理論的推論から導かれたものである。太陽輝度が現在より小さかったのであれば、太陽エネルギーも当然に小さかったであろう。しかし当時地球が氷に覆われるほど寒かったというような地質学的証拠はない。このことを米国の故カール・セーガン博士は「暗い太陽のパラドックス」と呼んだ。太陽エネルギーが小さかったにもかかわらず、なぜ地球大気温は暖かかったのだろうか？　セーガン博士は当時の大気中には今日より多量の炭酸ガスが含まれていたと考え、大気中の多量の炭酸ガスの温室効果が地球の凍結を妨げたと考えたのである。セーガン博士の推論は多くの科学者を惹きつけ、地球温暖化に対する炭酸ガス原因説を強める結果となった。第3章で詳しく述べる(64頁)ように、セーガン説はその後否定されるのであるが、なにはともあれ、地球温暖化についての炭酸ガス原因説のルーツは以上のようなものであり、これまでのところ多数の支持を受けてきたのである。

IPCC報告と自然のかい離

　IPCC(気候変動に関する政府間パネル)は世界気象機構などの国連の専門

機関によって1988年に発足した国際的な学術組織である。発足したのは時期的には1940年から1970年代までの短い寒冷期が終わって気温上昇が始まった頃であった。このときの気温上昇は実際のところは太陽活動の活発化が原因であったが、多くの科学者は前節でのべたように人類活動に起因する大気中炭酸ガス濃度の上昇と結びつけたのである。

　IPCCには三つの作業部会と総括班があり、それぞれが報告書をほぼ5年ごとに発行してきている。これらの報告書の中でもとりわけ第3次報告書(2001年)と第4次報告書(2007年)は広範な文献総括に基づいて豊富なデータを含む説得力あふれるもので、各方面の人々や各国政府によって広く読まれ、国際的あるいは国内的政策に反映されてきた。最も新しい報告書である※第4次評価報告書「気候変動2007」は第一作業部会による「自然科学的基礎」(Physical Science Basis)(996頁)、第二作業部会の「影響・アダプテーション・危険性」(Impacts, Adaptation and Vulnerability)(851頁)、第三作業部会の「気候変動対策」(Mitigation of Climate Change)(976頁)と総括班による「総合報告」(Synthesis Report)(103頁)で構成されている。最初の3巻はそれぞれ数章で構成されている。それぞれの章は数人の編集者と総括著者、数十人の主著者と数十人の著者によって作成された。結局一つの巻の作成には450人前後の科学者が寄与している。報告書の部分部分は必ず複数の査読者による厳しい審査を通ったとされている。報告書に関与した査読者は約2500人である。結局全体としてIPCC報告には4000人の科学者が寄与しているとされ、日本からも30人ほどの科学者が参加している。このようなことから、IPCC報告書は世界の科学者の代表的意見を表すとみられ、世界に対して真実として発信された。国連の気候変動に関する枠組み会議と京都議定書はこのIPCC報告を受けて生まれたのである。

※(訳者注)2013年9月にストックホルムで行われたIPCC第26回総会で、IPCC第5次評価報告書の第1部会報告書が公表された。訳者は未だ詳しく目を通していないが、気象庁の概要報告によれば、第5次報告は、内容、結論とも基本的に第4次報告の路線を踏襲しているようであり、最近数十年間における温暖化、海水面上昇と大気中CO_2ガス増加の進行がより明確であると指摘されている。なお、海洋のデータとその解釈が目新しいと言えるようである。

地球温暖化には多くの原因がある。IPCC報告書でさえ、詳しく読むと、過去150年間の地球温暖化は人為炭酸ガスなどの温室効果ガスが原因である可能性がかなり高いと表現している。つまり、そうでないかもしれないという考えも含んでいるのである。

IPCC第4次報告書は、総括報告書の作成にあたって、異常なデータ操作をするなど大きな問題がその後次々と指摘されたのであるが、そのこと以前に報告書は以下のように明らかな問題点を含んでいる。

（1） 1940年〜70年の期間は寒冷期であったが、一方で化石燃料消費量は著しい増加を示している。これはIPCCの主張と完全に矛盾する事実である。この期間、化石燃料消費は急増したのであるが、反面、気温は低下したのである。この現象は炭酸ガスが温暖化の原因であるとする考え方では説明できない。この矛盾を説明するためにIPCCは、化石燃料消費の増大によって大気中のエアロゾルが増加し、その結果地球の雲量が増えたのだろうと説明している。しかしそれでは化石燃料の消費は寒冷化を促進することになり、IPCCの結論全体と矛盾してしまう。この問題は後にさらに詳しく述べることにする(第3章、50頁)。

（2） IPCC報告では、大気中炭酸ガス濃度は気温変化と整合しているとしている。しかし両者の変化を詳しく見ると(第3章、48〜49頁)、炭酸ガス濃度は気温変化を追って変化している。

（3） デンマーク国立宇宙センターのハンス・スベンスマーク博士が1997年に発表した宇宙線と雲量の関係に関する見事な理論(Svensmark, H. and Christensen, 1997)についてIPCCは紹介しているが、考察に取り入れていない。本書ではスベンスマーク理論について第3章58〜64頁で紹介する。

（4） さらに、IPCCの結論はコンピュータシミュレーションに多くを頼っている。このシミュレーションにはたくさんのパラメーターが考慮されているが、上記のように、雲量変化に影響する宇宙線量が考慮されていないし、そもそも雲量変化そのものが考慮されていない。こ

れは雲量変化の正確な測定が困難であることや、雲の形成機構がよくわかっていないことによるが、じつは雲量変化は気温変化に非常に大きく影響するのである。IPCCのシミュレーションのパラメーターに雲量は入っているが、その量は一定で変化しないとされているのである。これは大気中水蒸気がどれだけどのようにして雲に変わるのかがわかっていないために、コンピュータに入れようがないためである。しかし、雲の量は気温変化に大きく影響するのである。通常雲は地球のほぼ半分を覆っており、ある計算によれば、雲量1％の変化は気温1℃の変化をまねくことになるという。過去25年間の人工衛星による観測の結果では、地球雲量の変化の幅はプラスマイナス1.5％程度であった。

（5） IPCCのコンピュータシミュレーションでは、気温を一定に保とうとする効果である地球に備わっている緩衝作用が考慮されていない。IPCCは以下のように、CO_2ガスのわずかな増加が気温上昇の暴走を引き起こすとしている。

ⅰ）ごく少量のCO_2ガス増加によるわずかの気温上昇が大気中水蒸気量の増加をもたらす。水蒸気量の増加はかなりの気温上昇を引き起こし、その結果CO_2ガス量が増加する。増加したCO_2ガスの効果によって再び気温上昇が起こり、それはさらに水蒸気量の増加をもたらすというように次々と繰り返されて止めどない気温上昇が起こるということになる。さらに北極地域でとりわけ海氷が薄いところでは融解が顕著に起こって海氷面積が縮小する。その結果太陽光の吸収率が高い青い海が広がって気温上昇効果を高めることになる。その結果海氷面積がさらに縮小する。IPCCはこのようなアイス・アルベド・フィードバックが止めどなく働き、暴走的に気温上昇が起こるとし、西暦2100年には最大4℃の気温上昇が起こるとの予測を示した。

ⅱ）さらに気温上昇は炭酸ガスを消費する地上植物の減少を招き、その結果炭酸ガスを消費しないバクテリアが増加し、これらはあい

まって大気中炭酸ガスの増加をもたらし、気温上昇につながるとしている。このシステムは急速にかつ暴走的に働き、北半球高緯度地方の永久凍土が溶けてその中に含まれていたメタンハイドレートが融解して大気中に放出される。メタンも有力な温室効果ガスであり、気温は上昇する。気温上昇はさらなるメタンハイドレートの溶解を促し、それはまた気温上昇につながる。このシステムもまた止めどなく暴走し、気温は上がり続ける、というのである。

このようにして繰り返し温室効果ガスの排出と気温上昇が止めどなく進行し、地球温暖化が継続されるというわけである。

以上のような暴走効果によって上のストーリーは、スーパーコンピュータの計算に組み入れられると定量的に見え、地球が危機に瀕しているというシナリオが組みたてられる。これがIPCCの主張であり、"数理的気候学至上主義"を信奉する人々の主張するところである。そのストーリーのどこが間違いなのだろうか？それは、このようなことは計算上起こりうるが、この地球にはそのような暴走が起ころうとする時に働く緩衝作用があるからであり、上の主張はそれを過小評価しているからである。

自然界の緩衝作用を軽視するIPCC

緩衝作用とは、例えば気温上昇を引き起こそうとしてある現象が起こると、それを止めようとする別の現象が起こることをいう。地球の緩衝作用の例を下に紹介する。

（1） 図8には南極から北極まで、地球の全南北断面における大気と海洋水の循環を示した。赤道域の海洋では、深さ200ｍまでの海水は大気との間で炭酸ガスを行き来させる。赤道域で海水から蒸発して大気となる水蒸気は温室効果ガスの90％を占め、気温上昇をもたらしている。しかし一方、大気中に水蒸気濃度が高まると雲が形成され、雲は太陽光を反射するので気温は逆に低下する。また、もし高緯度地方

で地表温度が上がりだすと、大気中の水蒸気循環が早まり、地表の熱が海洋深部に運搬されるようになり、気温上昇が妨げられる。かくして気温はある範囲で一定に保たれることになる。南極海の低温水は大気中の炭酸ガスを深海に運ぶ。つまり、深海は炭酸ガスの巨大な貯蔵タンクであり、結果として炭酸ガスの一方的な増加は起こらない。

（２）　大気の温度は赤道域と極域では異なっている。赤道域の大気は太陽エネルギーによって容易に暖められる。暖められた大気は低温の両極地域に移動し、相補的に極地方からは冷たい大気が低緯度地方に流れだす。このような大気の動きは海水を引きずり、海流がつくられる。海洋水と大気の流れは相伴って地球の緩衝作用となり、地球気温を一定に保つ働きをする。

（３）　炭酸ガスが一定の割合で増え続ける場合を考えてみよう。炭酸ガ

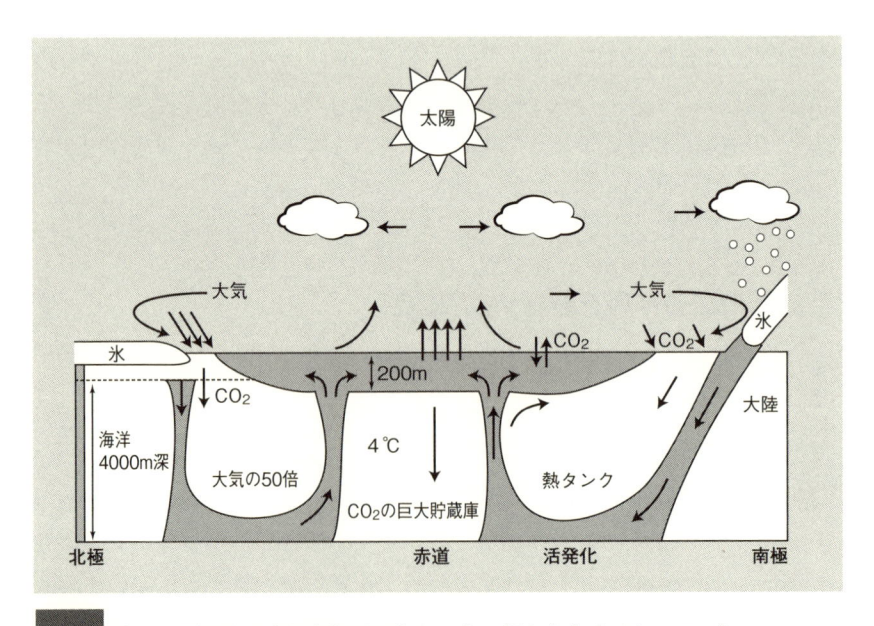

図8　**自然の緩衝作用（地球表面温度を一定に保とうとするシステム）**

南極から北極に至る南北断面での大気と海洋水の循環を示した。海洋水循環、極域氷の増減と海水／大気間の炭酸ガス交換が地球の自然緩衝作用を形成している。

スが増加し続けるということは光合成植物の餌が増えるということであり、光合成する植物プランクトンが激増する。しかしプランクトンが増加してもその分の餌の増加が追いつかず、結局プランクトンの量は元に戻ることになる。このような極端でない例もある。炭酸ガスが増加し、大気の温度が幾分か上昇したとしよう。そうすると炭酸ガスを消費する陸上の光合成植物や海中の珊瑚が活発に活動するようになるので、大気中の炭酸ガス濃度を下げる結果につながる。

　上記のように、なにか地球に変化が起こると、自然はそれを妨げる方向に働く。これが緩衝作用である。この作用は定量化されないが、たしかに実在するのである。綱引きのような作用がたしかに自然にはあるのである。自然では、このような緩衝作用が働かない、暴走事件はまれである。例外としては後期原生代(7～6億年前)の全球凍結(スノーボールアース)がある。IPCCの温暖化暴走論は、この緩衝作用が不確かであるとして過小評価し、温室効果ガスの一方的暴走的増加が起こるとの結論になっているのである。

　北半球の中緯度地方における過去9500年間の気温変化は、プラスマイナス2～3℃に留まっており、それ以上の大きな変化はみられず、気温はある範囲内で安定している。これが自然の働きなのである。それでは、大気中炭酸ガス濃度の増加が上記の気温安定ゾーンを越えて起こることはありうるだろうか？　答えはノーである。現在が間氷期の最暖期であり、地球の緩衝作用がある限りはそのようなことは起こりえないであろう。人類社会が排出する炭酸ガス量では、気温変動をこの安定域外に動かすには不十分過ぎるのである。さらに言えば、地表に氷床が存在する限り、気温が上記の安定ゾーンを越えて変動することは普通は起こりえないと考えられるのである。このように、緩衝作用を過小評価するIPCCには、将来の地球の気候を正しく予測することはできないのである。

IPCCの意図的データ操作

　IPCCの主張の重要な根拠は、図9Aに示されるデータで、過去1000年間に地球の気温がどのように変動してきたかである。しかし、IPCCの主張が依存するデータは本当に信頼できるものだっただろうか？　IPCCの主張を支えた重要な根拠の一つはM．E．マンらによる研究である（例えばMann et al., 1999）。それによれば、地球の大気温は過去1000年間ほとんど大きな変動はなく、西暦1900年前後から急激に上昇したとされている。

　マンらは、過去の気候変動を樹木の年輪幅から求めた。樹木の年輪は気温と太陽光の強さを反映する。マンらは、年輪幅が大きい時は気温が高く、樹木の成長が早かったと考えた。このことから、彼らは古い樹木の年

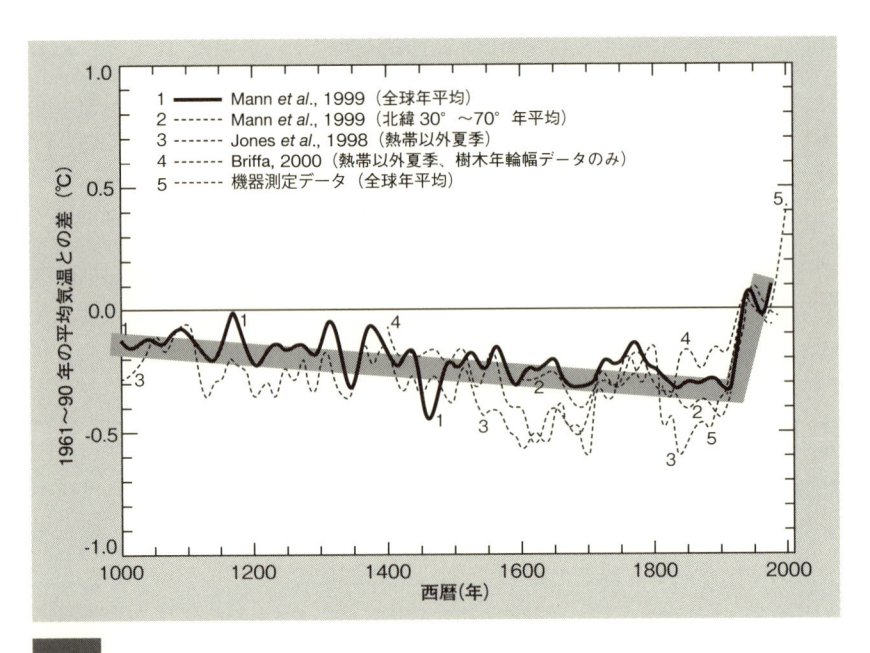

図9A　過去1000年間の気温変動

（IPCC，2001 から編集）
Mann etal. の曲線に乗せた灰色の太帯はホッケースティックを擬して著者が描いた。

輪幅を測定することによって過去の気候を知ることができると考えたのである。この考えによって、彼らは長い寿命をもつ木、古い家の材木、海や湖の底に埋没している樹木を集め、それらの年輪幅を測定し、結果を年代軸に記入したのである。このようにして、過去の気温変動を示す多数の古気候変動曲線が得られたのである。彼らは得られたすべての古気温値を平均してこれが平均的な地球気温の変動を表すと考えた。この曲線は過去1000年間はほとんど平坦で変化はなく、最近100年間で急激に上昇している（図9A及びB）。このホッケースティックに似せた曲線はいかにも不

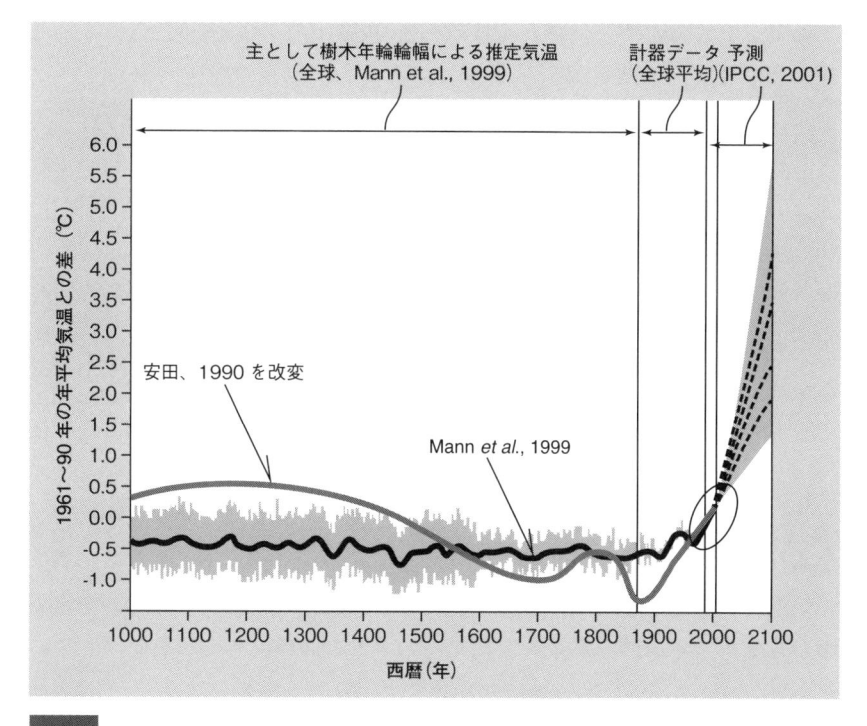

図9B マンらによる過去1000年間の気温変動と将来100年間の気温変動予測

（IPCC, 2001）

灰色のカーブは安田（1990）などのデータをもとに著者が編集した。黒線で描かれているマンらの古気候カーブの不自然さは明らかである。なお、本図は図9Aに比較して縦軸が3分の1に縮小され、西暦1900年以降の気温上昇を際立たせている。

自然で、実際の気候変動を反映していないと多方面からいろいろなデータによって批判されている。

しかし、IPCCの第3次報告書(2001年)では、上記のマンらの報告を採用し、今後100年間で地球大気温は少なくとも1℃、最大の場合で6℃上昇すると予測し、人類は地球温暖化の危機に直面していると警告した。そして、20世紀後半には、過去1000年間で最高の気温になっていると主張し、かつ気温上昇曲線は過去に例のない急傾斜であると指摘した。2007年のIPCC第4次報告書では上記の図は示されていないが、同様の考え方は報告書全体を通じて堅持されている。

このマンらの報告と、それを採用したIPCCの上記の結論には多くの批判が集まった。ある批判は、マンらは過去の気温が実際より低いようにデータ操作しただろうとさえ述べている。図9Bでは西暦1900年以前の気温曲線はほとんど変化せずに平坦に見える。しかし大洋底堆積物や氷床コアの酸素同位体比や樹木年輪の炭素同位体比などによる古気候研究(図16、28参照)からは、14世紀半ばから19世紀にかけて小氷期と呼ばれる寒い期間と、10世紀から14世紀の間の中世温暖期と呼ばれる暖かい期間が知られている。IPCC3次報告書ではこれらの事実が図9Aのようにまったく隠されていたのである。

樹木の年輪が気温と太陽放射に影響されるのは事実であり、過去の気候の推定に利用できることは確かである。しかし、樹木の成長は気温だけでなく、いくつかの地域的な条件にも支配される。例えば太陽光は隣に大木があればさえぎられるであろう。そんなことから、樹木年輪幅だけで過去の気温変化を追跡することは難しい。さらにいえば、マンらは樹木を世界中から集め、その測定結果を平均化して一本の曲線として集計してしまっている。それぞれの樹木は上記のように地域的な変動幅をもっているので、各測定を平均すれば変動幅の少ない平坦な曲線が得られるのは当然であろう。

IPCCが地球温暖化の原因として人為炭酸ガスを強調したもう一つの根拠は図10に示したコンピュータシミュレーションである。この図は過去

第2章　押しつけられる地球温暖化　31

100年間の実測の気温変化を、可能なパラメーターを入れたコンピュータシミュレートの結果と比較したものである。シミュレーションは自然要因だけをパラメーターとして入れた場合と、これに人類活動による炭酸ガス放出を加えた場合の2通りが示されている。自然要因だけを入れたシミュレーションの曲線は20世紀前半については実測曲線と整合的であるが、後半、とりわけ1960年から次第に離れて行く。これに対して人為炭酸ガスを加えたシミュレーション曲線は20世紀の全期間について実測値と良い整合性を示している。IPCC第4次報告書(2007)は、このことから、20世紀半ば以後の気温上昇は人類活動に起因する温室効果ガス排出量の増加に起因することが90パーセント以上の確率で推定されると結論づけたのである。

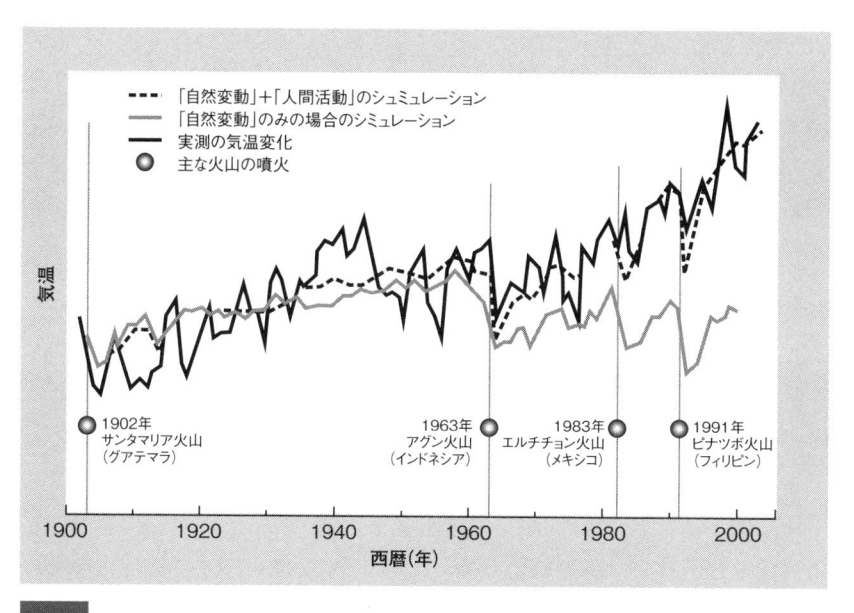

図10　過去100年間の気温変化とシミュレーション結果の比較

(IPCC, 2007 を改変)
人類起源炭酸ガス排出を考慮したモデルが実際の変動とよく一致するようにみせられている（本文参照）。

この図10だけを示されたならば、IPCCの結論は説得力があるようにみえるであろう。しかし、彼らのコンピュータシミュレーションには、次節でも詳しく述べるように問題があるのである。過去の気候変動のシミュレーションには、太陽活動度と雲量の変化、宇宙線効果、火山活動による太陽放射の妨害効果などの自然要因を考慮せねばならず、かつこれらの要素を数値パラメーター化して地球気候変動モデル(あるいは地球大気－海洋循環モデル、GCM)に組み込まねばならない。さらにそれらのパラメーターを組み込むべき数式には、過去の気温変化のパターンを基本的に参考にしなければならない。IPCCはすべての要素を組み込んだと言っているが、彼らのモデルには雲量変化、宇宙線強度変化や地磁気強度変化を定量的な形で組み込まなかったことは明らかである。とりわけ、太陽活動に伴う雲形成機構の関係が理解されていないのであるから、彼らはどのようにしてもそれらをGCMに数値化して組み込めるはずがないのである。読者は、それではなぜシミュレーションの曲線が実測曲線と一致するのか不思議に思うであろう。それはコンピュータシミュレーションのトリックである。簡単に言えば、彼らのGCMは第一にマンらの古気候曲線に合わせるようにパラメーター化とチューニングを行ったからである。この曲線は自然変動を僅少にしており、自然変動要素を矮小化し、一方で人為炭酸ガス効果を強調するようになっている。実際に2本の曲線を一致させるのはコンピュータの得意とするところであり、組み入れるパラメーターの数値や計算式の定数を適当に代入したり、あるいは合致するデータを採用し、不都合なデータを採用しないことによって容易に一致させられるのである。まさにコンピュータのトリックである。実際、なにかを主張しようと考えた時、都合のよいデータだけを集めることはよく使われる手口であり、学問領域でも例外ではないのである。だれかが21世紀の地球温暖化とその炭酸ガス犯人説を意図的に強調しようとした疑いがあると主張することは難しいが、私にはその疑いがあるように思えるのである。IPCCのこのような結論を社会が信用する一つの理由は、人々のコンピューター信奉にあるだろう。しかし、コンピュータシミュレーションには上記のような落と

し穴があるのである。

スーパーコンピュータの妄信は自然の無視

　現在、IPCCだけでなく、世界の多くの研究所でスーパーコンピュータを使って過去100年から1000年間のデータを用いて気候変動モデルをチェックし、改良を重ねつつある。このモデルは地球気候変動モデル（GCM）と呼ばれるものである。しかし上にも述べたように、スーパーコンピュータによる気候変動の推定には二つの困難な問題がある。

　第一に、これらのモデルは宇宙線と地磁気変動や、雲量変化を組み込むことができず、その結果、アイス・アルベト効果などによる一方的な気温上昇のみを示すのである。世界中どこでも、人類社会の排出炭酸ガス量モデルによって気温上昇は1.8℃から4℃と見積もられているが、いずれにしても、地球温暖化が一方的に進行するという見方が世界中の共通認識になっている。スーパーコンピュータによるシミュレーションの結果といえば容易に信頼を得られるのだ。しかしこれは述べてきたように、主要なファクターを組み入れていないシミュレーションに過ぎない。

　第二に、これも既に述べたが、地球の場合には、内部修正機構、つまり緩衝作用があることである。これは、ほんの小さい気温変化が起こり、それが暴走的に拡大しようとすると、それに対して元の状態に戻そうとする働きが現れるということである。現在ではこのような場合にどちらが優勢になるのかを判断できる材料はない。人々はスーパーコンピュータは複雑な方程式を瞬時に解いてしまう神の手のように考えるかもしれない。しかし、上記の問題点からすれば、そのような考えは正しくないことが明らかである。

　さらなる問題は、IPCCが頼っているGCMは11万行からなる非常に複雑なモデルであり、ごくわずかの研究者だけがコンピュータの中でどのようにして何が計算されているのか知っているに過ぎないという状況である。GCMは当初カリフォルニア大学の荒川昭雄名誉教授によって開発さ

れた。荒川教授は東京大学からカリフォルニア大学に移り、大気循環モデルの研究を始めたのである。気候変動という巨大なモデルをシミュレートするためには、多岐にわたるファクターが考慮されねばならない。荒川教授はこれらのうち宇宙線、地磁気と雲量変化を除くすべてのファクターをパラメーター化してモデルに組み入れ、コンピュータによる気候変動の計算を可能にしたのである。この荒川モデルはその後多くの研究者によっていろいろな改良が加えられて気候変動予測に利用されるようになってきた。IPCCの予測も基本的にはこのGCMモデルによっている。

　気候変動という巨大なモデルのシミュレーションには、このように多岐にわたるファクターが考慮される。これらすべてのファクターをパラメーター化して取り入れてコンピュータに気候変動予測をさせるのである。しかし、出発点、つまりすべてのパラメーターが正しく数値化されているかというところから問題は存在する。気候変動という複雑な自然システムの予測には、変化に影響するファクターは多数あり、たぶん数十という単位であろう。さらにそれらは独立変数ではなく、お互いに干渉し合うファクターである。これらのことから、すべてのファクターを正しく数値化して気候変動を予測するということは論理的に不可能なのである。計算は正しくできても、多くの不確定要素があるために結果には意味がないのである。

　しかし人々は、スーパーコンピュータで計算されたのだから正しい、GCMモデルでシミュレートされたのだから間違いないと信じてしまう。奇妙なスーパーコンピュータ信仰ができてしまうのである。一方で、確実ではあるが、地質学的記録を探索し、これらの記録の中から得られる古気候記録から気候変動を研究するという時間のかかる方法は嫌われている。これは地質学的データには地域性がつきものであるし、逆にスーパーコンピュータは地域性を考慮できないからである。またそれに加えて、IPCCの主流をなす数理気象学者たちにとっては地質学的データの適正な評価が困難なのである。これらのことから、データがインプットされれば結果がすぐに得られる方法が主流となってしまった。

GCMが多くのパラメーターを使って結果を比較的短時間に出せる優れたモデルだということは事実である。しかし、宇宙線と地磁気強度の変化やそれらと太陽エネルギーや雲量変化との関係などは複雑過ぎてパラメーター化できず、計算に入れることはできていない。

確実な予測を得るためには、モデルを現在の地球・太陽系と同じものにしなければならず、そんなことはもとより不可能である。実際のところ、古気候解析による気候変動予測のほうがコンピュータシミュレーションよりはるかに将来予測は正確なのである。これはなぜかといえば、そもそも気候変動支配要素のパラメーター化にはその要素を古気候データから探索し、シミュレーションモデルが古気候変化に整合するようにパラメーター化を行うからだ。つまり古気候データが数式のベースとなっているのである。それに加えて、古気候データは実際には多岐にわたる未知のファクターの干渉の結果であり、自然にはそのような、人類の浅薄な知識が及ばない、未知の要素が沢山ある。単に既知のいくつかの要素を組み入れ、単純化した計算でシミュレートしたモデルでは、数式をいくら複雑化しても自然の真の姿を反映できないのは当然だろう。

すでに述べたように、将来予測には過去を振り返り、過去のデータを高精度で解析することが必要である。過去の気候変動の解析にはいろいろな方法が試みられている。樹木年輪の幅や炭素同位体比分析は数千年レベルの過去について、花粉分析や堆積物中の炭素同位体分析は通常1万年前から数十万年前までの研究方法である。酸素同位体による古気候解析は、氷床コアでは数十万年前、堆積物や化石では数十億年前までさかのぼって解析できる。これらのいくつかの方法による古気候解析の例は、このあと本書の各所で紹介している。

この中でも花粉解析は、一定の条件では一般に信頼できる古気候データを提供する。植生のないところには花粉はない。植生は気候に強く支配されるので、花粉解析はその地域の当時の気候を反映するのである。地球上には海や湖があり、そこには堆積物がある。その堆積物を掘削し、採集したコアについて深度ごとに年代を決め、花粉分析を行えば、当時の気候を

推定できるというわけである。しかし花粉分布には、大きな地域性が含まれることがあり、そのような場合には地域性の影響を最小限にする操作が必要となり、多くの花粉種の中から平均気温を最もよく反映する種を確定する必要がある。

　このような研究を経て気候変動の予測が可能になる。このような研究により、現在砂漠であるところが、かつて6000年前には温暖で生物の生息に快適だったということがわかっている。古代文明が栄えたエジプトやメソポタミアは温暖で緑の植物に覆われた土地であった。しかし現在は砂漠である。このように私たちの母なる地球は、その歴史の全期間を通じて時間とともに環境を変化させてきたのである。このような気候変動は多種多様な要素の複雑な干渉の結果であり、GCMでは見ることのできない変化である。地球の気候を定常に保つことは不可能なのであり、我々は変動する環境に適応していく努力を重ねていくことが求められる。人類に快適な環境がいつまでも地球上を支配するようにと希望することは人類の勝手であり、傲慢に過ぎるというものである。

科学と政治の結びつきの結果は？

　予防原則という考えがある。原因が十分に明確でなくても、結果が重大であり、また避けることができないのであれば、それに対する必要な対策をとらなければならないという考え方である。これは1970年代に日本で生まれた重要な考え方であり、有機水銀汚染による水俣病、カドミニウム汚染によるイタイイタイ病、排気ガスによる四日市喘息などの水や大気の汚染による深刻な公害問題に関する経験がその源である。地球温暖化はこの予防原則の考えを適用すべき最も重大な問題といわれている。

　この点に関して、最近の重要な問題は、京都議定書の第1ステージに続く次のステージが始まる2013年以後に向けてどのような新しい国際枠組みがつくられるべきかということである。2007年にインドネシアのバリ島で開かれた国際会議(COP13)では、京都議定書に示されたように、世

界の炭酸ガス排出量は1990年に比べて25～40％減少させねばならないことが合意された。しかし、各国の削減割り当て量についての合意は得られなかった。2009年12月にコペンハーゲンで開かれたCOP15会議では、各国間の対立、とりわけ先進諸国と開発途上諸国の間の対立が大きく、会議はほとんど何の成果も得られなかった[※]。

　ところで、このような政治舞台に地球温暖化問題が出されることのメリットとデメリットはどのようなものだろうか。第2次世界大戦の終了から現在まで、科学者は政治に対してほとんど何の働きかけも行えなかった。唯一、物理学者らの核兵器反対があっただけであった。したがって、地球温暖化問題は核兵器反対運動以後に科学者が政治に対して働きかけた最大の、そしてほとんど唯一の問題というわけで、この点は大きく評価される。また、地球温暖化問題に関連してゴア氏とIPCCがノーベル平和賞を授与されたのも上記の点で大きく評価されることである。実際に、エネルギー節約の技術を開発し世界に広めることと、低炭素社会を目指すことは大変重要なことだ。あとで述べるが、ローマクラブによって指摘された(Meadows et al., 1972,『成長の限界』、第5章、107～110頁参照)人口爆発と資源枯渇の2020年危機の到来時期を延ばすことにつながるからである。人口爆発と資源枯渇は、疑いなく人類にとって今後数十年間の最重要問題となるであろう。目指す目的が間違いであっても、低炭素社会を目指す努力によって上の危機到来を延期できることはメリットなのだ。

　デメリットを検証する前に、まず歴史に現れた例をみてみよう。1930年代にソ連であったルイセンコ学説をめぐる確執は悪しき例である。ルイセンコは現在の進化論を否定して新しい理論を提唱した。これはロシアにおける進化学と分子生物学研究の長年の遅れの原因となった。当時のロシアの生物学会では、ルイセンコ学説に反対する科学者は罰せられ、ある

[※](訳者注)その後南アフリカのダーバンで開かれたCOP17(第17回気候変動枠組み条約締結国会議)では、「2020年以降にすべての国に適用される法的枠組みを、2015年までに採択する」ことが合意され、その実現に向けて発足した特別作業部会(ADP)が議論を進めている。

者は兵役に就かされることさえあった。科学の発展が遅れただけでなく、人々の命さえ失われたのである。

　もし21世紀の温暖化が確実な事実に裏づけられた疑いのないことであるならば、私もIPCCを熱烈に支持する科学者グループの一人となるだろう。しかし実際には、21世紀は温暖化からはほど遠く、むしろ地球寒冷化スタートの世紀なのである。第3章で詳しく述べるように、我々は短期間(1950～2007年)の温暖化にのみ気を取られていてはならないのである。人々を地球温暖化にのみ注目させたのはデメリットであり、IPCCがかかわった犯罪であるといえるだろう。

温暖化か寒冷化か？―決着は10年以内

　私はかつて、環境省に招かれて講演したことがある。そこで私は、地球温暖化の原因は炭酸ガスでないこと、さらには、将来は温暖化よりはむしろ寒冷化が起こるであろうと述べた。それに対して環境省の人たちは私の説を受け入れる気はまったくない様子だった。彼らの言うには、「IPCCには世界中から4000人の科学者が参加している。このような多数の科学者が一致して地球が温暖化しつつあることとその温暖化の原因が人為源炭酸ガスであると結論しているのだ。あなた一人の言葉だけを信じることはできない。貴方は間違えているのだろう」であった。

　IPCC報告書には450人の主著者とその他に多数の共著者や2500人に及ぶ査読者らがコミットしているのは事実である。しかし、報告書が450人の主著者らすべての意見を取り入れているかというと決してそんなことはないと思われる。すでに述べたように、最後のまとめである「政策決定者のための要約」は編集者として名前の記されている数人によって書かれたに違いない。我々科学者からみて、一冊の本に2500人の主著者全員の研究成果を盛り込むことが不可能であることは自明である。科学には民主主義や多数決はありえない。たとえ数十人の科学者が一致して一つの理論を支持しても、一人の科学者が提出した他の理論が疑いない事実で裏打ち

されていることがわかったときには、多数理論は敗退する。これはガリレオの天動説の例をもちだすまでもなく、明白なことである。

　温暖化か、寒冷化か？　この問題の決着は10年以内につくであろう。第3章66〜68頁と第4章76〜81頁で述べられるように、過去の気温変化と太陽活動度の変化から、2035年には気温が2000年以後の最低値になることは明らかである。これに対して、先に述べたようにIPCCは、現在のような炭酸ガス排出が続けば、気温上昇は止まらないとして、2100年までの急上昇カーブを示している(図26)。この両者の予測の違いは年を追って大きくなっている。地球は太陽活動と宇宙からやってくる宇宙線からいろいろな影響を受けている。これらの影響の強さや影響の仕方は、地球表面のいろいろな条件によって変化している。地表面の条件の最大のものは雲量であり、この雲量は地球大気圏に突入してくる宇宙線によって大きく影響されている。温室効果ガスもその条件の一つであり、その90％は水蒸気である。また、地磁気も地球のもつ条件の一つである。第3章(60〜64頁)で述べるように、地磁気の気温への影響はすでに明白である。

　もし我々が炭酸ガスだけにとらわれているならば、この地球の気候変動の本当の姿は見えてこないだろう。なによりもまず、太陽、地球と宇宙の三者の物理的相互作用を理解し、この三者間のエネルギー干渉の原理を明確にする努力が必要である。そのことによってのみ、気候を含む地球環境の変化を予測することができるだろう。しかし、IPCCは二つの重要なファクター、宇宙から来る宇宙線と、地球内部で形成される地磁気を考慮せず、多くの地球表層条件の中から温室効果ガスだけを強調し、ましてその中でわずかの割合でしかない炭酸ガスを地球温暖化の主要な原因と決めつけたのである。

京都議定書で苦しむ日本

　日本社会では、各地の自治体や企業に「チームマイナス６％」というポスターがはられ、ときにパンフレットが配られている。この６％という数字

は、京都議定書で日本政府が約束した炭酸ガス排出削減量を達成する目標値なのである。第3回国連気候変動枠組条約締結国会議(COP3, 京都会議)で、主要先進国は炭酸ガス、メタンなどの温室効果ガス排出量の削減に向けて努力することになった。日本政府は1990年比6％の削減を約束した。同様にEUは8％、カナダとハンガリーは6％を、米国は7％となった。しかし後日に米国議会はこれを拒否し、議定書に署名をせず、条約に加わらなかった。米国は、地球が本当に温暖化しているのか、本当に科学的な裏づけがあるのかという点についての疑問を主張した。当時、もとより米国は世界一の炭酸ガス排出国であったので(2006年以後は中国がトップとなった)、多くの国々から非難された。米国の拒否は大国の傲慢さだとの指摘もあった。私はしかし、米国の態度はより健康的で、また国家戦略に基づくものだと感じている。それに比べてまるで全体主義のように官民一致で地球温暖化撲滅運動にまい進し、いい子ぶるような日本はなんとも不健康である。炭酸ガス排出量の削減は直ちにその国の経済活動に影響するので、米国のようにどっちつかずの立場をとることは一国の経済的利益を考えると賢明な態度である。

　日本は議定書を批准したので、マイナス6％という数値目標を達成する義務が課された。国を挙げての「チームマイナス6％」スローガンの始まりのゆえんである。メタンは私たちの日常生活にはあまり関係なく、マイナス6％運動の対象は主に炭酸ガスである。

　京都議定書は一見見事に書き上げられた傑作のようであるが、しかし実際は問題だらけのものである。そもそも地球温暖化対策としての炭酸ガス削減そのものが、これまで述べてきたようにナンセンスなのであるが、そのことをおいても以下のようないくつかの問題点が指摘できる。

（1）議定書には先進国の一部しか批准しなかった。その結果、国際的にあまり効果のないものとなった。

（2）批准国が世界のごく一部であったため、たとえ議定書が忠実に守られた場合でも、世界全体の炭酸ガス排出量はほとんど減らない。ほんの数パーセントだけだという試算がある。

（3） 米国は批准せず、カナダは脱退し、インドと中国はもともと参加しなかった。このように議定書には主な炭酸ガス排出国が参加していない。
（4） 日本では1990年当時でも、世界最先端の低エネルギー技術が開発・利用されており、GDPに比べて国民一人あたりの炭酸ガス排出量はすでに当時他国に比べて小さかったので、6％という数値は他国に比べて厳し過ぎる値である。
（5） 排出量取引システムは地球全体の炭酸ガス削減に実質的に効果がない。これは結局国際的な政治取引の道具にされている。

　結局、京都議定書以後に行われた地球温暖化関連の国際会議は国際政治力のコンテストの様相を呈している。あらゆる問題が政治的問題となっているように見える。
　そももそ、なぜ1990年が削減数値目標の基準値として選ばれたのだろうか？著者がある人から聞いたところによると、1989年はベルリンの壁が倒れ、90年に東西ドイツが統一した。さらに後年になって、多くの東ヨーロッパの国々もEUに参加した。これらの東の国々はエネルギー効率が悪く、多量の炭酸ガスを排出する車が多く、また多くの工場も同様だった。したがって、1990年を基準にすれば、EUは統合した旧東側諸国の状態を西側諸国並みに引き上げることで削減目標数値はかなり容易に達成できるでということがあるようだ。日本はどうだろうか。日本はエネルギー資源に乏しく、また1970年のオイルショックの教訓から、自動車、火力発電をはじめとして日本の企業はエネルギー削減の努力を払い続けてきたのである。その日本が今、さらなる6％の炭酸ガス削減数値目標を達成するのは、EUに比較すると著しく困難なのである。
　議定書によれば、日本の水田はメタンガスを排出する。牛や羊のげっぷや糞もメタン源であり、先進諸国には家畜削減が求められるかもしれない。ロシアでの天然ガス採掘の際にもれ出るメタンガスも排出量削減の対象になる。しかし一方、炭酸ガス吸収に働く森林の役割についての明確な

認識はなされていない。

　ほんの一部であるが、上記のとおり、京都議定書が金科玉条のものでないことは明らかであろう。

　さらに、炭酸ガス市場、つまり炭酸ガス排出権の購入権利が認められ、これに関係した金儲けビジネスができてきた。地球環境問題に関して科学が政治と共同作業を行うことは悪いことではない。しかし炭酸ガス排出量取引はまったくナンセンスである。この取引は地球全体の炭酸ガス排出量を減少せず、科学そのものが取引されるようなものである。たとえ私が炭酸ガス主犯説を信じたとしても、この排出量取引はナンセンスと感じるに違いない。炭酸ガス排出量は変化しないで、権利だけが取引されるのである。

　日本のような先進国はもはや炭酸ガス削減は困難であり、そのため、排出量の購入をせざるをえない。さらに議定書には「Clean Development Mechanism (CDM)」と呼ばれるシステムがある。これは開発途上国に対して温室効果ガス削減技術を提供するシステムである。このCDMは日本ではいわばODAマネーがCDMマネーに変わるようなものである。一方科学者も、もし研究が名ばかりでも炭酸ガス削減に関連していれば研究費の配分を受けやすくなる。

　最近では、環境コンサルタント、環境分析、再利用などの環境ビジネスが大変発展してきた。環境省(2005年)によれば、2004年にはこれらの環境ビジネスは30兆円の市場となっており、76万5000人がこの市場で働いており、2010年には100万人が働く47兆円市場に発展するという。地球温暖化対策に使われる予算も非常に大きい。例えば2008年度予算では経済産業省の「新エネルギー開発プログラム」に542億円もの予算がついた。

　日本は世界中に工業生産物を輸出して多額の利益を上げ、経済成長を遂げてきた。『日本は独自の投資をせずに儲けてきたのだから、儲けた分を吐き出すべきだ』とか、『成り上がりものの日本はまず最初に没落すべきだ』などという欧米諸国の声が私には聞こえるのである。かくのごとく、日本

は世界中から圧力を受けている。環境ビジネスで儲ける人たちだけは"すぐに金にする"ために走り回っている。これが現在の日本の狂人じみた環境ビジネスの実態である。炭酸ガス排出量を削減せよという至上命令を受けていったん走り出した社会は止まることなく走り続けるのである。

「京都議定書は人類史上最大の汚点」は言い過ぎといわれるかもしれない。しかし私たちが真剣に地球環境問題を考えるならば、議定書は支払う努力と金に比較してまったく得るところがないものである。私たちは上記のように、議定書の裏に隠された各国間のいろいろな意図に注目しなければならないし、一方、人口爆発と資源枯渇という真の危機(第5章、107頁参照)を見逃してはならない。

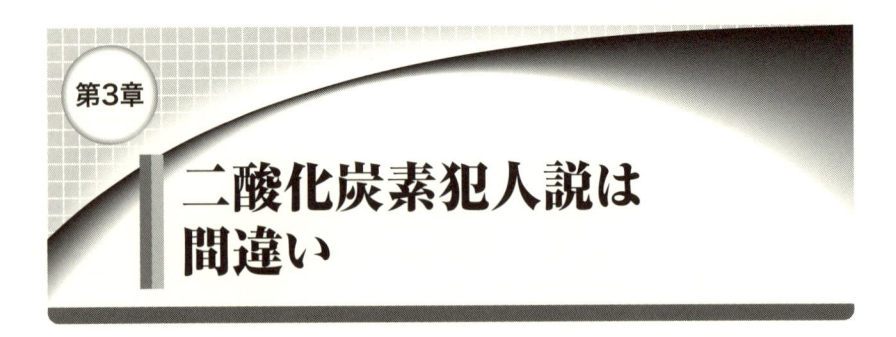

第3章 二酸化炭素犯人説は間違い

二酸化炭素増加と地球温暖化はどちらが先か？

　これまで述べてきたように、大気中の炭酸ガスは地球温暖化の主犯であるとの見方が世界中に広まっている。地球温暖化は炭酸ガス等の温室効果ガスによって進行しているということが事実であるかのようにみられている。しかし、本当にそうだろうか？　本章ではその炭酸ガス犯人説を検証する。

　まず、大気から考えてみよう。大気は地球を覆う毛布であると見てみよう。地球にふりそそぐ太陽エネルギーの3分の1は大気と地球表面に反射されて戻り、残りの3分の2が海と陸地に吸収されてそれらを暖める。このとき、毛布も同時に暖められる。

　温室は読者もよく知っているように、透明なガラスやビニールの壁でできた建物で、内部の空気は暖められ、外の寒さと関係なく中では植物が早く成長する。大気中の水蒸気、炭酸ガスとメタンは上記のガラスやビニールと同じ働きをするので、地球に入った太陽熱が外部に逃げないように働く。そのため、これらのガスは温室効果ガスと呼ばれるのである。

　なお大気の78％は窒素ガス、21％は酸素ガスで、両者を合わせて99％になるが、この両者とも温室効果はもたない。つまり大気に含まれる温室効果ガスの割合は1％にも満たないのである。

　しかし、これらの温室効果がなければ、地球表面は平均マイナス18℃

になるだろうと推定されている。この温度では生命は存在しえない。したがって、温室効果ガスのおかげで人類はこの地球に生存することができているのである。しかし現在、人類はこの温室効果ガス、とりわけ炭酸ガスが増え続けており、そのため温室効果が行き過ぎて地球が暖まり過ぎ、氷河が溶けてしまったり、異常気象が次々と起こるのでなんとかせねばならないと大騒ぎしているのである。

表1 地球大気の主成分

気体		重量比(％)
窒素	N₂	75.3
酸素	O₂	23.07
アルゴン	Ar	1.283
水蒸気	H₂O	0.330
二酸化炭素	CO₂	0.054
オゾン	O₃	0.00064

体積比では、窒素が78.08％、酸素が20.95％、二酸化炭素が0.04％となる

　では以下に温室効果ガスの内容をみてみよう。まず大気の組成からみる（**表1**）。上に述べたように、大気の中で一番多いのは窒素ガスで、その次は酸素ガスである。この両者は重量比で大気の98.42％、体積比で99％を占めており、まず大気のほとんどは窒素ガスと酸素ガスであると言えるのである。残りの1.58％はアルゴン、水蒸気、オゾン、炭酸ガスなどからなっている。炭酸ガスは大気の中で重量比0.054％、体積比で0.04％を占めているに過ぎない。これはつまり、大気1万分子の中で炭酸ガス分子はたった4個弱ということであり、ppm（百万分の一）で表すと380ppmということになる。この100年間で大気中炭酸ガスは毎年0.4〜1.9ppmの割合、平均でほぼ1ppmずつ増加してきた。最近はほぼ年間1ppmとなっている。IPCCの計算によれば、炭酸ガスが1ppm増えると大気温は0.004℃上昇する。このことは1％（4ppm）の増加は0.016℃の大気温上昇に相当するということになる。これは水蒸気の効果に比較すると無視できるほど小さい。水蒸気は1％増加すると大気温は1℃上昇するのである。

図11に温室効果ガスの影響を研究している東京工業大学の生駒大洋博士の計算結果を示す。図では水蒸気と炭酸ガスの双方の温室効果を、それぞれがゼロになったときから現在の2倍になったときまで、連続して示してある。この図からは、温室効果は、水蒸気の効果がほとんどを占め、炭酸ガスの効果はほとんど無視できるようなものであることがわかる。このことは実は普通の科学者にとって常識なのである。繰り返すが、大気中炭酸ガスの量はたったの0.04％なのである。しかし、大気中炭酸ガス量が増加してきたのは事実であり、また、気温がほぼ炭酸ガスの増加と整合して上昇してきたのも確かである。

　1958年から88年にかけて、ハワイで気温と炭酸ガス濃度を連続的に測定したデータがある(図13)。この図はIPCC報告にも引用されているもの

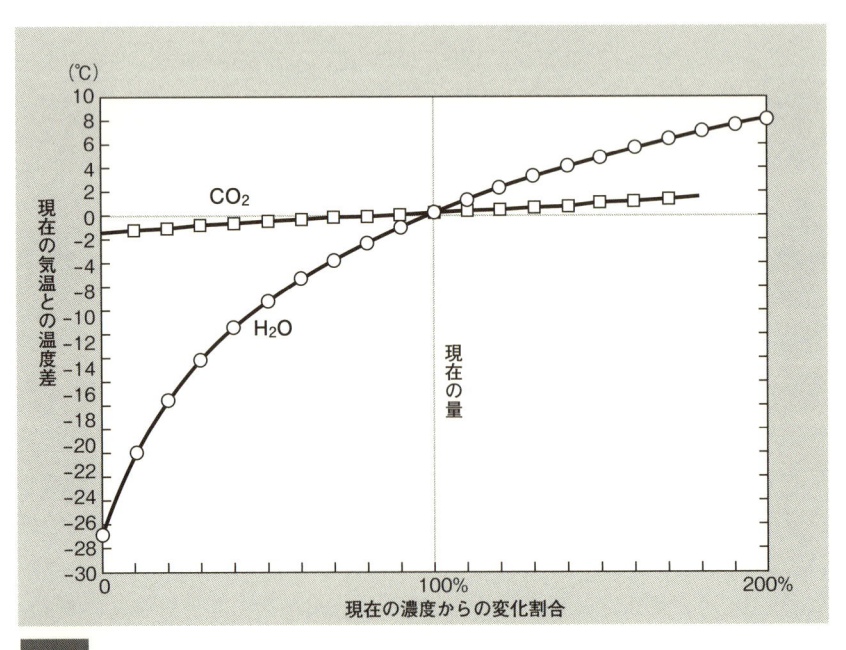

| 図11 | 気温に及ぼす大気中水蒸気ガスと炭酸ガスの影響 |

(生駒, 未公表データ)

である。図の破線は炭酸ガス濃度、実線は気温の変化を示しており、0を結ぶ水平破線はそれぞれ気温と炭酸ガス濃度の測定期間30年間の平均値を規準値0としたものである。炭酸ガスは、自然炭酸ガス濃度の上昇だけとなっている。これは各年の炭酸ガス濃度から前年の自然源炭酸ガス濃度プラス人為源炭酸ガス濃度を差し引いた値として出されている。

　この図は、炭酸ガス濃度変化と気温変化が連動していることを示している。ただしこの図を詳細に検討すると、そのデータにはIPCCの結論と相容れないような問題点があることがわかる。

　この点をもう少し詳しくみてみよう。炭酸ガスが増えると、確かに気温も上昇している。このようなときには二つの説明があり得るのである。一つは、気温上昇は炭酸ガス濃度増大のためである、つまり炭酸ガスが気温

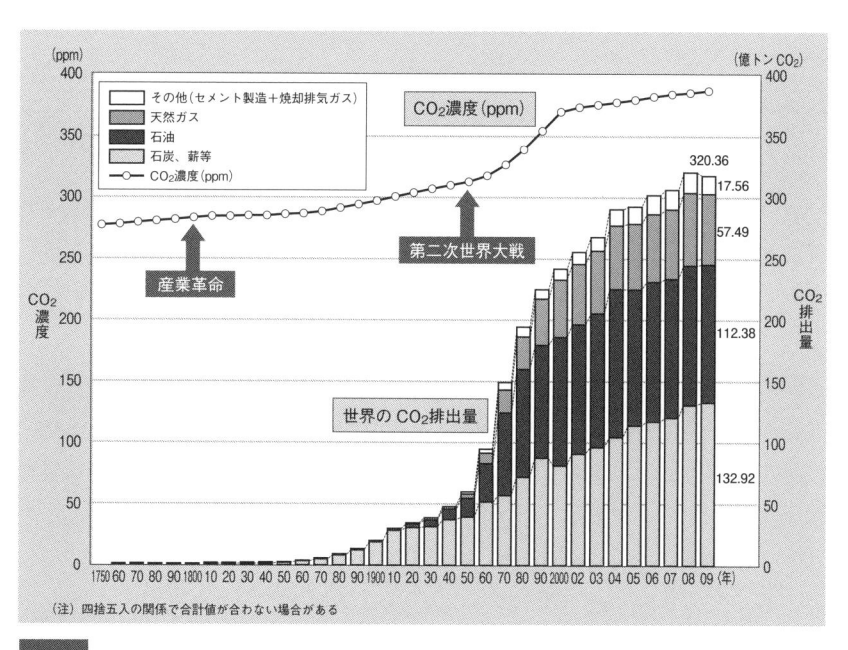

図12　過去250年間の大気中炭酸ガス量の変化と人類の化石燃料使用量の変化

(電気事業連合会, 2014)

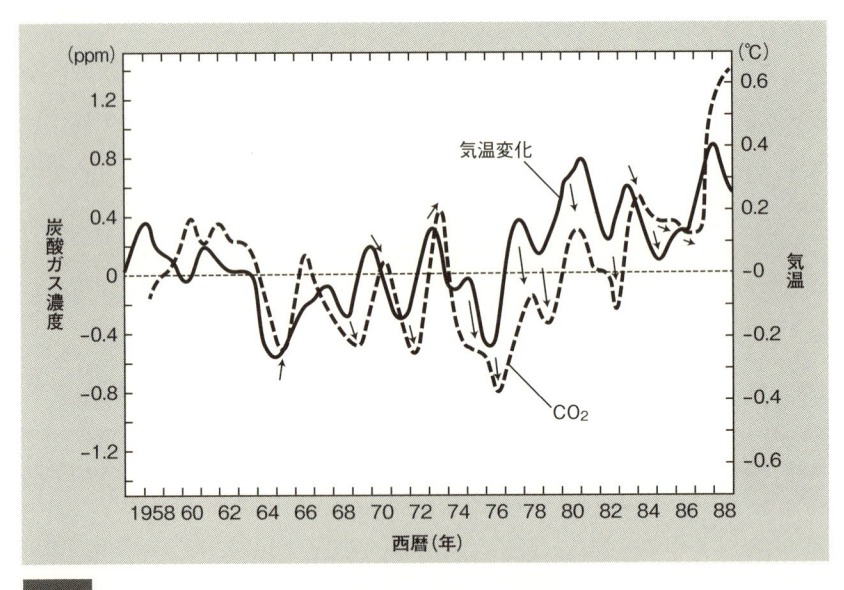

[図13 1958年から1988年の間の気温と炭酸ガス濃度の変化]

(根本，1994，Keeling, 1998)

上昇の原因という説明である。もう一つは、気温が上昇したために炭酸ガス濃度が上がった。つまり炭酸ガス濃度の上昇は気温上昇の結果であって原因ではないという説明である。原因と結果は常に伴っており、コインの両面であり、しばしばどちらが原因でどちらが結果であるか決めがたいことがある。にわとりが先か卵が先かといったようなものである。IPCCは同様のデータから気温上昇は炭酸ガス濃度の増加によってもたらされたとの解釈をとったのである。しかし、物理学者の槌田敦博士や気象学者の根本順吉博士、そして私も、炭酸ガス濃度の増大は気温上昇によってもたらされたと解釈している。ただしこの議論は自然源炭酸ガス濃度だけについてであり、人為源炭酸ガスは入っていない。

　さて、いったいどちらが正しいだろうか。図13を注意してみると、気温と炭酸ガスの曲線の変化は整合的ではあるが、少しずつずれていることがわかる。このずれは多くの場合、気温変化のほうが炭酸ガス変化よりも

時期的に早いのである。つまり、炭酸ガスの変化は気温変化を追って起こっているのである。ただし、1968年以前ではこの傾向はよくわからない。また、1982年以降の数年間もおかしい。1982年以降については、メキシコのエルチチョン火山の大噴火に関係すると考えられる。火山噴火によって大量の火山灰が成層圏まで上昇し、一部は雲核となって多量の雲を発生させ、あるいは火山灰そのものが成層圏に留まり、太陽エネルギー反射率(地球のアルベド)を増大させ、気温を低下させたのであろう。

　図13では、上記の例外を除いて、気温が低下するとそれに遅れて同様に炭酸ガス濃度も減少しており、気温のピークではやはり、炭酸ガス濃度のピークが少し遅れている。すなわち、炭酸ガス濃度の増加は気温上昇の結果であり、原因ではない。観察されたデータは自然源炭酸ガスについて、明らかにこの関係を示しているのである。ではなぜ気温上昇は炭酸ガス濃度の増大を招くのだろうか？

　例えば、コカコーラの栓を抜くと、炭酸ガスが泡となって出てくるが、しばらくすると出てこなくなる。しかしここでそのコカコーラを温めると再び炭酸ガスが泡となって出てくる。コカコーラの温度が上昇すると炭酸ガス溶解度が下がり、ガスとして放出されるのである。海水も同じである。海水中の炭酸ガスは、海水温が上昇すると大気中に放出されるのである。ほとんどの人が気に留めていないが、海は地表の70％を占めており、海水中に溶けている炭酸ガスの量は、大気中のそれの50倍にもなる。大気中炭酸ガス濃度の増加が気温上昇の結果であることは、人為源炭酸ガスを除く自然源炭酸ガスについて疑う余地なく明らかなのである。

　これに加えて、炭酸ガス犯人説には致命的な間違いがある。それはすでに第2章(23頁)でも触れたが、1940年から1970年の間、大気中炭酸ガス濃度が人類の化石燃料の大量使用によって急上昇しているにもかかわらず、この期間には気温はかえって低下しているのである。このことはアラスカ大学国際北極圏研究センターの赤祖父俊一博士も指摘している(赤祖父, 2008)。同博士は、気温は1800年から現代まで直線的に上昇している一方、大気中の炭酸ガス濃度は1960年以後に急上昇を示しており、両者

は整合的な関係ではないと指摘している。

　上記の期間の矛盾について、IPCCはエアロゾルによる攪乱説をとっている。たしかにIPCCのいうように、化石燃料消費によって多量のエアロゾルが生産され、それが雲核となって雲形成を促し、その結果気温低下をまねくということはありうることである。しかし、もしそうであるならば、1970年以降さらに極端に増大した化石燃料消費はさらなるエアロゾル生産とそれによる雲形成を引き起こし、気温低下をまねくはずであるが実際はそうではなく、大きな気温上昇が起こっているのであり、IPCCは化石燃料使用の増大による炭酸ガス増加が気温上昇の原因になっていると主張しているのである。

　IPCCと逆に、気温上昇の結果炭酸ガスが増加したとすると、上記の矛盾は解決する。つまり、なんらかの原因で気温上昇が起こり、海水温が上昇し、その結果海水中の炭酸ガス溶解度が減少し、海水中の炭酸ガスが放出したというわけである。じつはしかし、それにしても1940年から1970年の間の逆相関については何らかの説明が必要である。これは本章の58〜61頁で指摘するように、気温変化の主な原因が太陽活動と宇宙線による雲形成であり、炭酸ガスはほとんど無関係であると考えることによって説明可能である。

　上記のように、炭酸ガス増加の結果気温が上昇したとするIPCCの結論はまったく受け入れられないことがわかる。大気中に排出された炭酸ガスが温室効果ガスとして働くことは間違いない。しかし何度も述べたように大気中の炭酸ガス濃度はわずか0.04％であり、年あたりの増加はたったの1ppmであり、気温上昇効果はわずか0.004℃である。人々は炭酸ガスの影響を過大視しているのである。

　炭酸ガス量が人類活動によって増加してきたのは事実である。先にのべたように、毎年0.4〜1.9ppmずつ増加してきている。しかし、すくなくともこの炭酸ガス増加が最近200年間の地球温暖化の主原因ではないのは確かということになる。それなのになぜ多くの人々、とりわけ科学者たちまでもが炭酸ガス主犯説をあたかも明白な事実であるかのように信じて

しまっているのだろうか。また、炭酸ガスが原因でないのであれば、いったい何が原因なのであろうか。

太陽が地球温暖化の主犯か？

現在我々は温暖期にいることは事実である。ではこのような気温変化はなぜ起こるのだろうか？まず太陽エネルギーが地球温暖化の主原因であるかどうかを検証しよう。太陽エネルギーのうち70％が地球に届き、30％は地球から反射される。この30％がアルベド、反射率である。30％のう

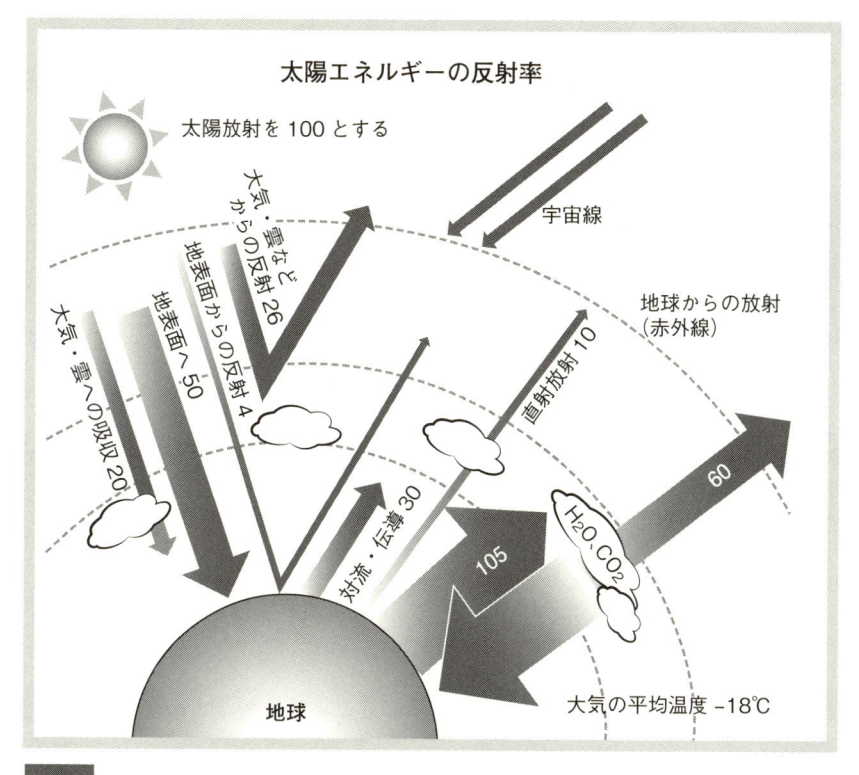

図14 地球システムにおける太陽エネルギーの吸収と反射

ち、地球のほぼ半分を覆っている雲が26％である(**図14**)。1960年から現在までの気温変化と太陽活動変化を根本(1994)の図(**図15**)でみてみよう。

　図15には気温変化が白丸で、太陽黒点数の変化が黒丸とそれをつないだ曲線で示されている。よく知られているように、太陽表面には黒点が観測される。黒点はマンホールの穴のようなものと考えるとよい。太陽内部のエネルギーが高まると内部の圧力でふたがとばされ、多量のエネルギーが放出される。つまり、太陽黒点が多量に現れているときは太陽表面におけるエネルギー放出がたくさん起こっているということであり、結果として多量の太陽エネルギーが地球に向かって飛んでくるということである。太陽黒点数は太陽の元気度合いを示すバロメーターである。図15の太陽黒点カーブの山のところでは太陽黒点は多く、太陽活動は強く、多量の太

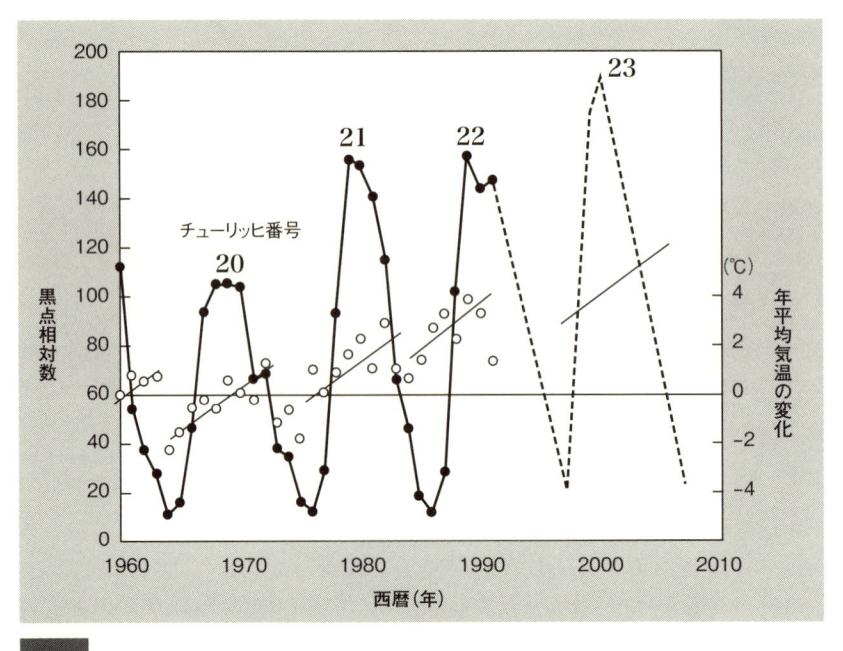

図15　1960年から2010年の間の太陽黒点数と気温変化

(根本，1994 による)

陽エネルギーが地球に飛んできているということである。

　次に気温変化をみてみよう。図15の白丸は1960年から1990年を少し過ぎたあたりまでの間にハワイで観測された気温である。1960年の平均気温を基準値（0）とし、その後の変化傾向は白丸を結んだ直線で示されている。この気温変化はのこぎりの刃のようなジグザグに変化する曲線を示して上昇と低下を繰り返している。

　この観測データによれば、気温は1960年代中頃から1970年代前半にかけて少し上昇し、その後突然に低下し、また次第に上昇し、また突然に低下し、さらにまた次第に上昇という具合の繰り返しをみせている。一つののこぎりの刃の幅はほぼどこでも11年間隔であることがわかる。そこで、11年ごとの平均値を取ってみると、ハワイでは最近30年間にわたっ

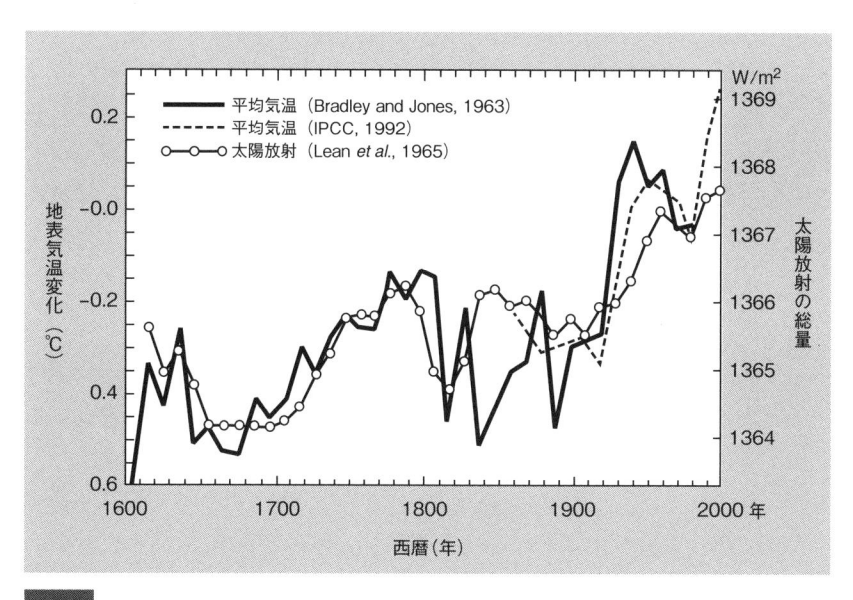

図16　過去400年間の気温変化と太陽黒点数変化

実線太線は　Bradley and Jones (1993) による北半球夏季の平均気温変化、丸を繋いだ細線は10年平均の太陽放射（Lean et al., 1995）、破線は IPCC, 1992 の地球平均気温変化

(Pang and Yau, 2002 に加筆)

て約3℃の気温上昇があったとみることができる。つまり少なくともハワイでは気温は上昇してきたとみられるわけである。ハワイは太平洋上の独立した島嶼であり、巨大地形による気温効果はないものとみることができるので、長期間の気温変化の観測には好都合な場所といえるであろう。

　上の観測に基づいて根本博士は、一般に気温変化は太陽活動と比例関係にあると推定した。このことは実は昔からよく指摘されてきたことである。太陽活動の指標である太陽黒点数は気温上昇と関連して増加する。観測期間を過去400年間にまでのばしてみても、太陽黒点数が気温変化とよい相関を示しており(図16)、気温上昇の原因が太陽活動の活発化にあることを示しているかのようにみえる。しかし、最近の人工衛星観測データの解析によれば、太陽エネルギーの変化は気温変化の10％しか説明できないということも明らかにされている。

　太陽エネルギーが多く地球に入れば、気温が上昇することは確かである。しかし、地球に到達する太陽エネルギーの大きさはミランコビッチ・サイクルによって変動する。また、気温変化の大きな要因は、どれだけの太陽エネルギーが地表まで達するかということであり、結局雲の量がこの点で決定的な役割を果たしているのである。これらの要因については後に説明する。少しこの点に関係して述べておくならば、太陽活動は太陽風も含み、太陽風が強いと雲は少なくなり、それが気温上昇につながるのである(58頁参照)。太陽黒点の望遠鏡による観測は過去400年までの記録がある。したがって西暦1600年以前の太陽活動は古文書のオーロラ観測記録から推定されている。オーロラは太陽活動が強いときには相当低緯度にも出現する。日本の記録では札幌で観測されることはよくあり、東京でも幾度か観測されている。黒点観測記録に比較すれば精度はよくないが、過去の太陽活動度を推定するには有用なデータとなっている。これによって、太陽活動の記録をさかのぼることは過去1000年まで可能である。第1章で指摘したが、1000年前から現在までの太陽活動度の変化は、気温変化とよい相関を示しているのである(4～5頁、図1参照)。

　過去400年間の太陽活動変化をみて注目されることは、最近100年間

の太陽活動度が大変に大きいということである。しかし1990年から太陽活動度は小さくなり、ごく最近では極小になり、黒点がまったく観測されない日が数日続くことも少なくない状態になっている。これは太陽活動の減少期に入ったためである可能性が高いと考えられる。この点については第1章(6〜7頁)で最近のデータを参照して詳しく述べた。

　一部の人たちは太陽活動はまた強くなると推定している。しかし私は太陽活動は11年周期で強弱を繰り返しながら、全体として衰弱傾向にあると思っている。それは、過去の太陽活動の変動曲線をみれば明らかであり、大きな山と谷はほぼ100年周期で繰り返されており、現在は山を過ぎて谷に向かうスタート地点にあるということができる。したがって、太陽活動は今後さらに弱まる可能性が高いのである。もちろん、自然の変動については予測が絶対に確かということはない。しかし、上記のように、過去400年間の太陽活動の変動を追ってみると、太陽活動は2035年頃の谷間に向かって現在は衰弱化しつつあると考えられ、このことは地球の気温の低下の重要なファクターとなる。この点についてはまた後に詳しく述べる(58〜61頁、80頁)。

太陽エネルギー強度に大きく影響するミランコビッチ・サイクル

　ミランコビッチ博士が提唱した惑星力学サイクルによる太陽エネルギー強度変化は、地球気温に対して顕著な影響を与えることが確かめられている。セルビアの地球物理学者ミランコビッチは、1930年にミランコビッチ・サイクルを提唱した。これは地球と太陽の位置関係や回転の偏り具合が、結果的に地球の気候変動を支配しているという理論である。以下にミランコビッチ理論を説明しよう(図17)。

（１）　地球は太陽の周りを公転している。太陽と地球の間の距離は一定ではなく、木星と土星の重力によって歪んでいる。この公転軌道の歪みと、公転の楕円軌道じたいによって地球と太陽の距離が周期的に微妙に変化しているのである。これを軌道離心率という。太陽からの距

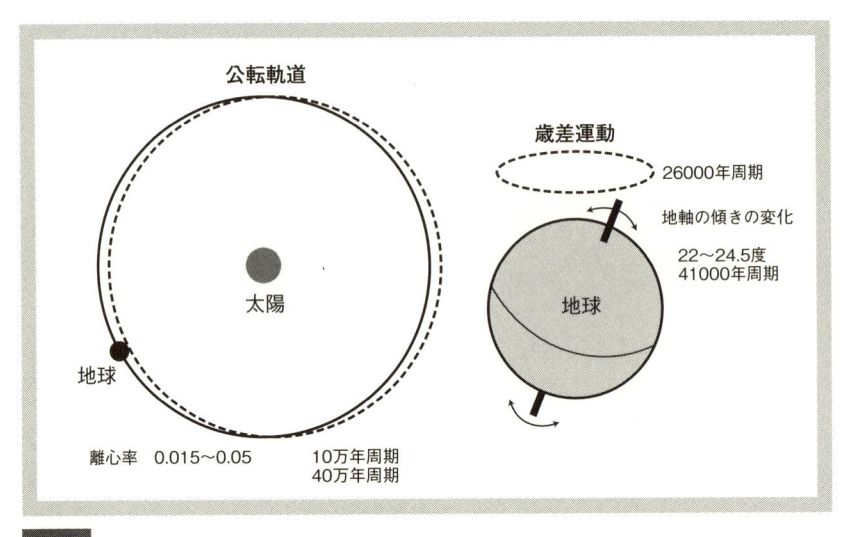

[図17: ミランコビッチ・サイクルの概念図。公転軌道、太陽、地球、離心率 0.015〜0.05、10万年周期、40万年周期、歳差運動 26000年周期、地軸の傾きの変化 22〜24.5度 41000年周期]

図17 ミランコビッチ・サイクルの概念図

(伊藤公則，2003 に加筆)

離が大きいときには地球に届く太陽エネルギーは小さく、地球気温は降下する。逆に地球が太陽に近づくと、地球に届く太陽エネルギーは増えて気温が上昇する。上記の変化には10万年と40万年の周期がある。

（2） 次に地球自転軸の傾きであるが、それは一定でなく、その傾きは22度〜24.5度の範囲で周期的に変化している。つまり自転軸自身がスピンしているのである(**図17右**)。これは地球自転の歳差運動と呼ばれている。この傾きの変動によって周期的に地球の南北半球のどちらかがより長時間太陽に向くということが起こる。北半球は陸地が多く、南半球は海が多いので、北半球が長く太陽に向いているときに地球はより温められることになる。これは海のほうが暖められにくく、すぐには気温上昇につながらないためである。この周期は41000年と24000年である。しかし、この短周期の変化は古気候観測ではあまり明瞭には認められていない。これはおそらく火山活動、

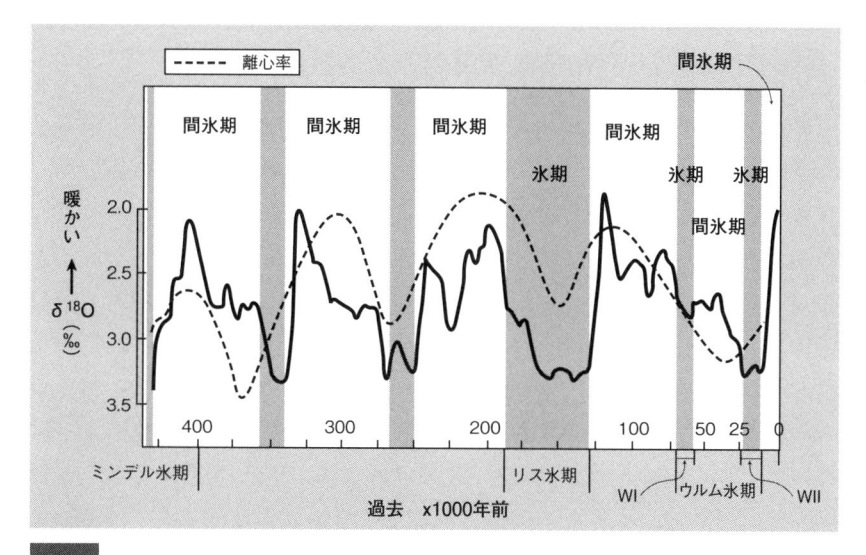

第3章　二酸化炭素犯人説は間違い　57

図18 過去40万年間の離心率の周期変化と気温変化

(伊藤孝士, 1993)

地磁気や宇宙線変動など他の気候変動要因の干渉を受けるためであろう。

　ミランコビッチ理論は非常に複雑な数式を駆使しているので、提唱されてから長い間確認されなかった。しかし近年の科学技術の進歩もあり、大洋底の堆積物や極地氷床のボーリングコア解析によって過去数十万年の気候変化が追跡されるようになり、ミランコビッチ・サイクルが明確に認められたのである(図18)。
　このように、天体力学が地球の気候変動に影響する重要な要素であることは確かである。ミランコビッチ・サイクルによれば、現在地球は温暖期を終えて寒冷期に向かうことが示されている。

気候変動に及ぼす宇宙線、地磁気と火山活動の効果

　デンマーク国立宇宙センターのハンス・スベンスマーク博士は気温変化と雲量、宇宙線強度と太陽活動の関係を調べ、地球温暖化の原因はこれらの変動によって説明できると指摘した。宇宙線は宇宙から飛んでくる高エネルギー放射である。地球大気に進入した宇宙線は雲核形成のためのイオン化を促進させ、結果として雲量増加をもたらす(図19)。彼は宇宙線強度が雲量と強い正の相関をもち(図20)、一方太陽放射量や気温とは負の相関をもつことを指摘した(図22A, B)。地球に侵入してくる宇宙線強度は、これに対するバリア効果をもつ太陽風と地磁気の強さによって大きく影響される(図23)。このため太陽活動が強まって強い太陽風が地球にやってくると、地球に到達する宇宙線強度は小さくなり、そのために雲量が減少し、気温が上昇する。逆にもし太陽活動が強まると地球に到達する宇宙線強度は小さくなり、その結果雲量が増大し、気温が

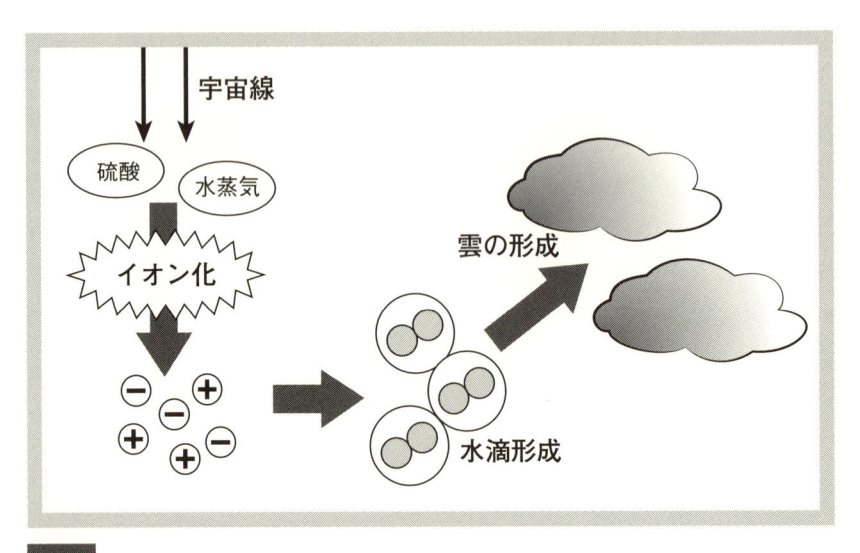

図19　宇宙線放射と雲形成の因果関係を模式的に示した図

(Svensmark, 1998)

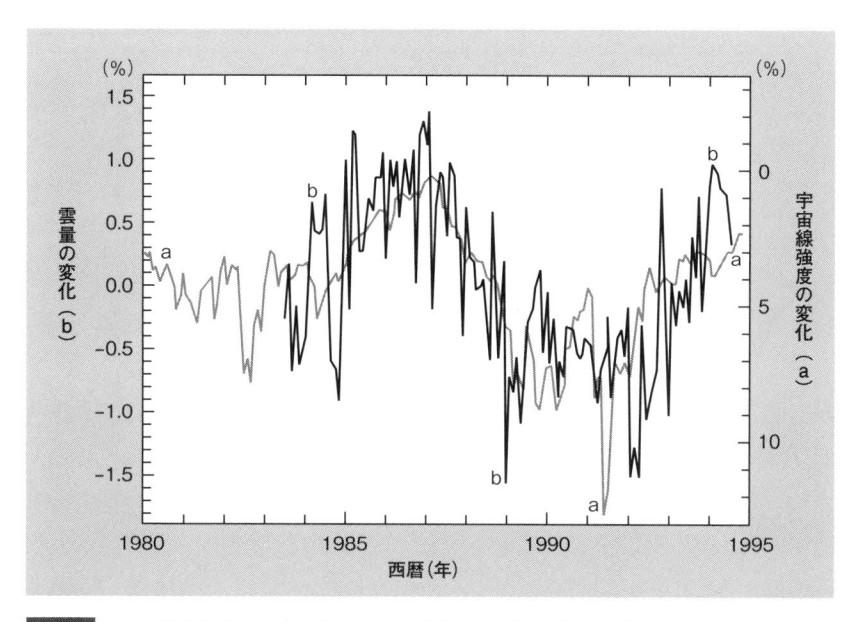

第3章　二酸化炭素犯人説は間違い　59

図20　宇宙線強度(図中a)と雲量(b)の関係、ただし同様の関係は中層及び高層雲では認められていない

（Svensmark, 1998）

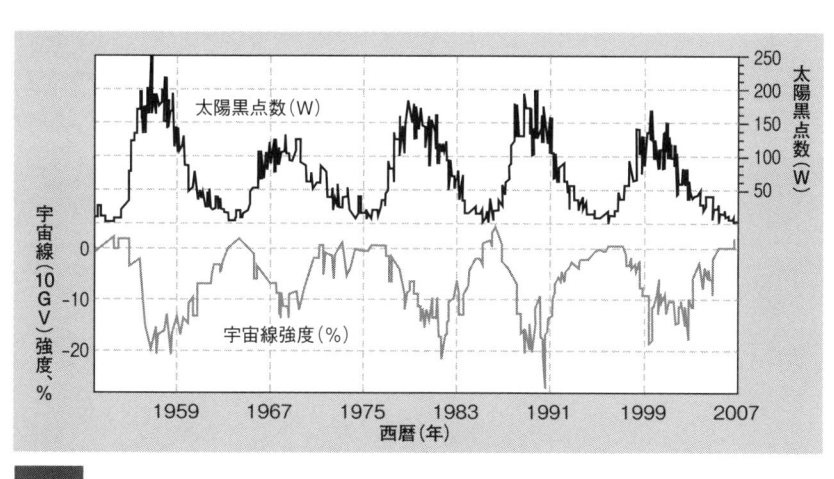

図21　過去50年間の宇宙線強度と太陽活動の変化

（NMBD, 2010 から引用）

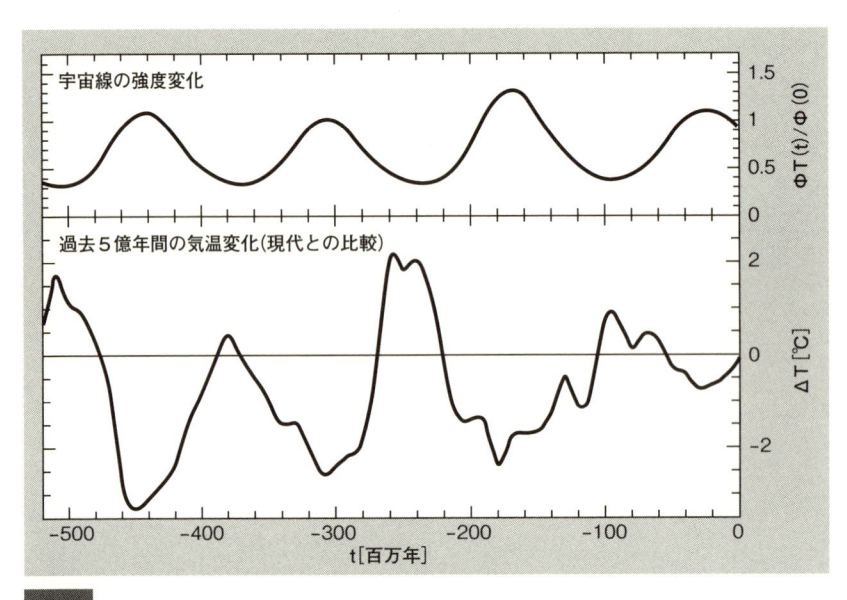

図22A 過去5億4千万年間の宇宙線強度と気温変化

(Shaviv and Veizer, 2003 を改変)

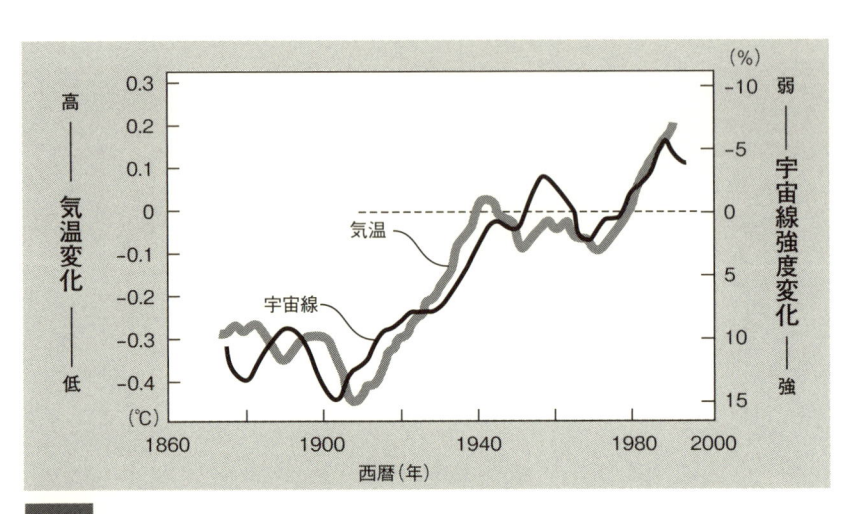

図22B 過去140年間の宇宙線強度と気温変化の相関

(Kirkby, 2002)

低下する。このように、太陽活動、宇宙線と気温の間には強い相互関係がみられるのである。

　地球に到達する宇宙線の強度は太陽活動だけでなく、地磁気にも影響される。地磁気は地球深部液体コア中の電子の流動によってつくられており、簡単に言えば宇宙線や太陽プラズマなどから生物を守るバリアとして働いている。しかしこの地磁気の強度は一定でなく、いろいろな原因で変動している。固体地球は6400kmの半径をもち、金属からなるコア、岩石からなるマントルと非常に薄い地殻からなる（図32）。コアは主に金属鉄からなり、固体の内核と液体の外核から構成されている。液体の外核は海流とほぼ同じレベルの速さで対流している。外核に大規模な対流がなければ地磁気は存在しえない。この対流が強ければ地磁気も強くなるし、弱け

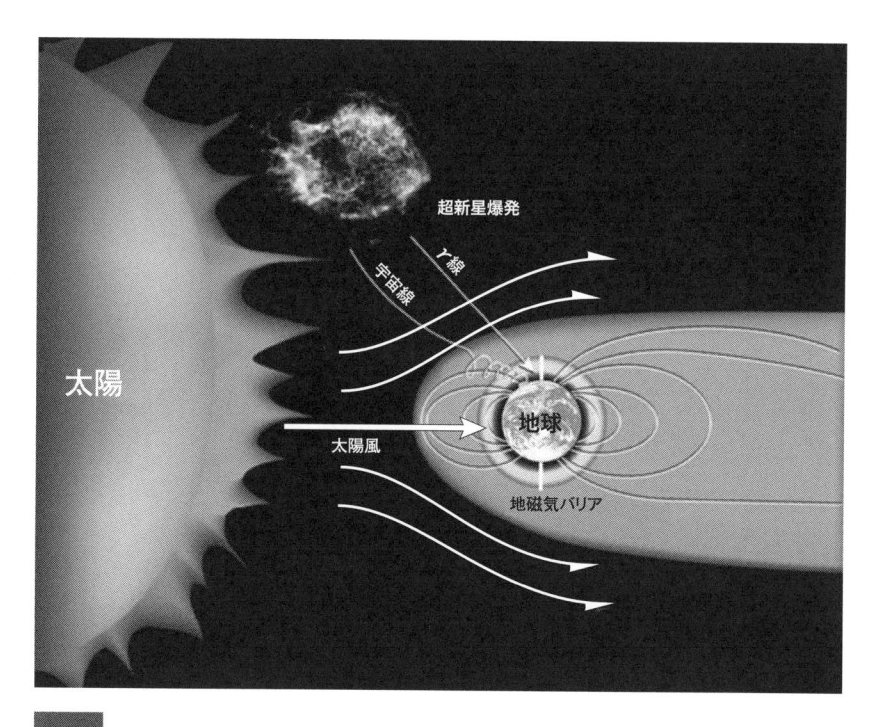

図23　宇宙線、太陽風と地磁気の関係

れば地磁気も弱くなる。この外核の対流がほぼ10億年周期で大きく変化することが最近わかってきた。また、小さな変化は数千年から数万年周期で生じている。地磁気が非常に強いときには地球に到達する宇宙線と太陽プラズマの強度は大変に弱い。逆に、地磁気が弱いときは地球に到達する宇宙線強度は大きくなる。太陽活動の影響を考慮しない計算では、もし地磁気強度が3分の1になると宇宙線強度は10倍になる。現在、宇宙線強度は弱く、ほとんど最低レベルであり、これからは増加に転じるようにみえる(図22A・B)。これに加えて、ここ400年間にわたって地磁気強度はずっと弱まってきている(図24)。ここまでのべてきたように、太陽活動強度が変わらないと仮定すると、地磁気が弱まれば地球に到達する宇宙線は

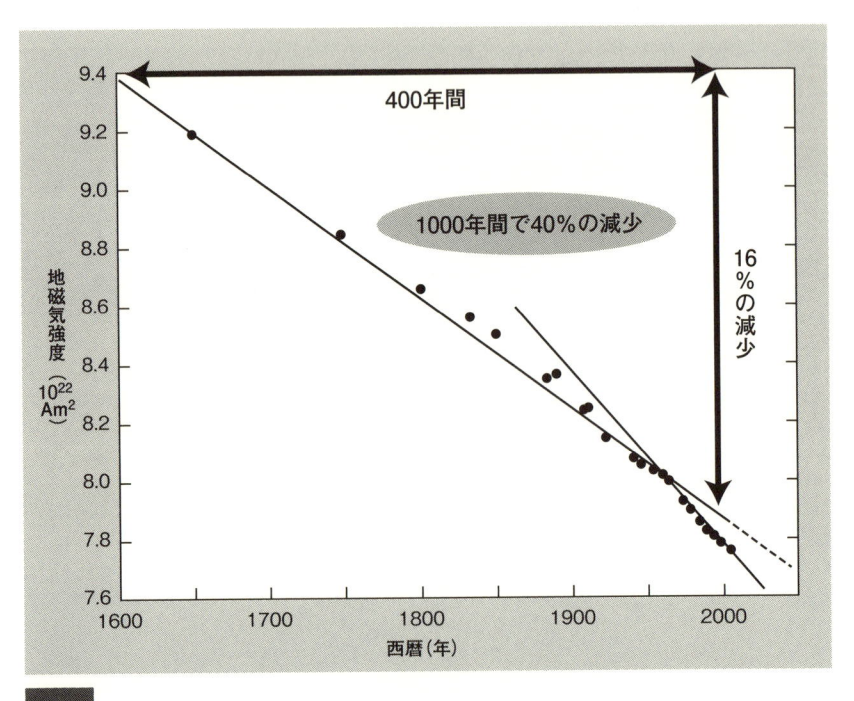

図24 AD1600年より現在までの地磁気強度の変化

(World Data Center for Geomagnetism, Kyoto, 2010)

強くなる。もし地磁気がこのまま弱くなっていくと、宇宙線放射は2035年には現在より15％多くなる。そうなると雲量が増加し、これは気温の低下をもたらす。このように、地磁気強度は気温変化をコントロールする要因の一つである。しかしこの効果は太陽活動に比較してそれほど大きくないので、地磁気強度と宇宙線強度や気温との連動がみられない時期も認められる。

　上述のように地磁気は過去400年間にわたって弱くなってきている。そしてこの50年間、その弱まり方は急激になっている。この調子で弱まっていくと、地磁気はあと1000年くらいでゼロになると予測される。もちろん、地磁気がこのまま減少を続けるのか、あるいは現在の減少傾向は一時的なものであって将来は増加に転じるのかはいまのところ不明である。ただ現在のところは地磁気は減少傾向にあり、したがって大気中では雲が形成しやすい環境にあると言える。つまり地球寒冷化の方向にあるということである。40000年前の氷期には地磁気は現在の強度の3分の2であったことが知られている。

　一方、火山灰も雲と同様の反射効果を太陽エネルギーに対してもっている。多量のマグマ活動が起こるときは火山灰が成層圏に到達して地球のかなりの部分を覆い、太陽エネルギーを遮断し、地球寒冷化をもたらす。かつて1991年にフィリピンのピナツボ火山が大噴火したことがあった。この噴火は20世紀で最大のものだったといわれ、北半球の気温に大きな影響を及ぼした。激しい噴火のために火山灰は地表から25〜35km上まで舞い上がって成層圏に達し、エアロゾル（微細な火山灰粒子）がここに滞留した。これは太陽エネルギーを反射し、気温を0.5〜1℃降下させた。この効果は人類が過去2000年間にわたって排出した二酸化炭素ガスによる影響を帳消しにしてしまう大きさであった（図25）。

　もし火山が、マグマがクレーターから静かに溢出するタイプの火山活動であれば気候への影響は少ない。しかしピナツボのように、成層圏にまで火山灰が舞い上がる爆発的な火山活動の場合は気候への影響は大きく、大きな気温低下をもたらすことになる。同様な気温低下は1982年のメキシ

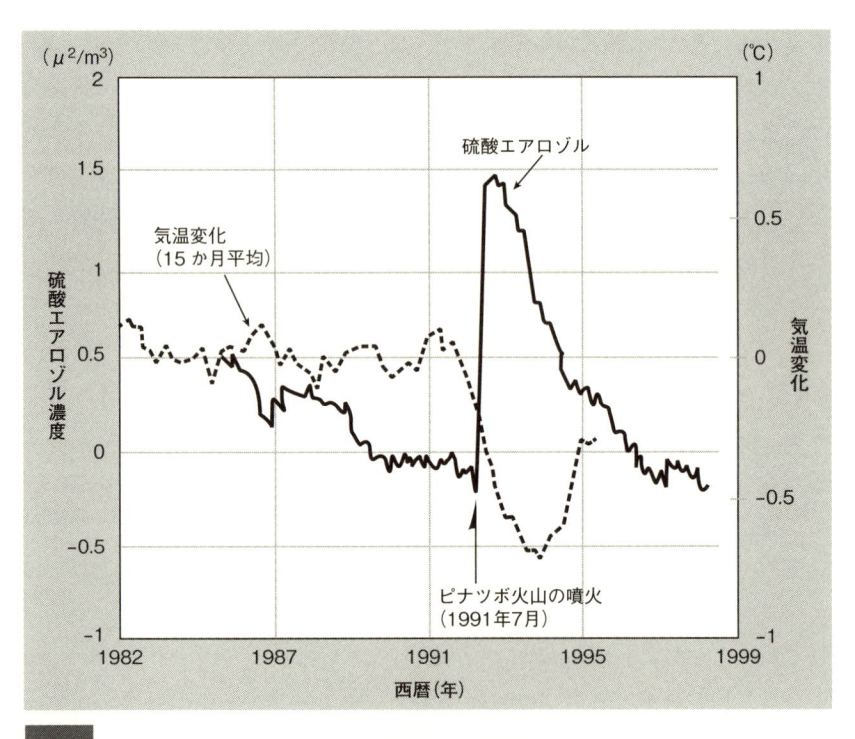

図25 1991年のピナツボ火山の気温変動への影響

(九州大学総合博物館, 2010)

コのエルチチョン火山噴火のときにもよく知られている。この噴火の影響についてはすでに49頁で紹介した。

暗い太陽のパラドックス

"暗い太陽のパラドックス"は地球温暖化についての炭酸ガス原因説を支持する理由の一つになってきたことはすでに述べた(21頁参照)。何がパラドックスかというと、大古代、太陽が暗くて太陽エネルギーが弱かったにもかかわらず、地球は寒くならなかったのである。これは炭酸ガスが地球の暖かさを逃がさなかったため、つまりパラドックスは、温室効果ガス

である炭酸ガスによると説明されたのである。

　しかし、この説明が成立しないことが、私たちのグループによるグリーンランド、南アフリカ、オーストラリアとインドでの調査・研究で明らかにされた。地質データによれば、確かに太陽が暗かった30〜40億年前の地球大気の炭酸ガス濃度は現在よりはるかに高く、ほぼ100倍だったことがわかった。しかし、シミュレーションしてみると、その量では上記のパラドックスを解決するにはほど遠いことも明らかになったのである。

　このパラドックスについて、それでは他の温室効果ガスであるメタンの可能性はどうかということになったが、炭酸ガスと違って堆積物中のメタンを測定する技術は未だ開発されていないので、当時のメタン量がどれだけであったかを確かめることはできなかった。しかし、ほかに理由を考えることができないので、世界の多くの科学者たちは長いことメタンが暗い太陽のパラドックスの正体だと考えていた。私たちは現在、過去の火山溶岩中に取り込まれた古海水中のメタンの定量測定法の開発に取り組んでいるところである。

　デンマークの科学者スベンスマーク博士は宇宙線の長期変動に注目した。多数の星が一気に死を迎えるスターバーストのときに、多量の宇宙線が放出される。スターバーストは地球の歴史46億年の間に3回あったことが知られている。最初のスターバーストは地球誕生の46億年前にあり、このとき銀河には多量の宇宙線があふれたのである。次のスターバーストは23億年前で、3回目は8億年前だった。もし多量の宇宙線が地球に降り注ぐと、大量の雲が発生する。多量の雲があるときには、地球に入る太陽エネルギーは遮られて少なくなり、気温は降下する。気温降下が大きいと地球は凍結する。最初のスターバーストについては記録がないが、第2回目と第3回目のスターバースト時には同時に地球のほとんど全域が雪氷に覆われる、いわゆる"全球凍結"が起こったことが知られている。23億年前のスターバーストのとき、地球表面はすべて氷に覆われ、スノーボールアース(全球凍結)と呼ばれる状態になった。地球の気温変動について雲の効果は炭酸ガスの温室効果より極めて大きいことがわかるであろう。そ

れではなぜ長い暗い太陽の期間に地球はずっと凍結していなかったのだろうか。スベンスマーク博士は、第1回と第2回のスターバーストの間の長い期間、宇宙に宇宙線がほとんど飛び交っていなかったことを見出した。宇宙線がほとんど皆無のため、雲が形成されず、快晴の日が連続し、太陽エネルギーが十分に地球に届いて吸収されたため、地表は寒くならなかったというわけである。太陽が放射するエネルギーが少なくても、遮る雲がなかったために十分な太陽エネルギーが地表に届いたのだった。

最新研究が明らかにする地球の周期的変動と気候変動

　地球温暖化やそれに対する炭酸ガス犯人説に対して疑問をもつ科学者は少なくなかった。地球温暖化が大気中の炭酸ガス増加だけで起こると考えるのはいかにもおかしいと考えるのは不自然ではない。普通の科学者だったら、このような疑問をもつのは当然である。しかしすでに述べたように、普通の科学者にとっては、地球温暖化という権力に後押しされた強力な意見に対して一人で異議を申し立てるのは、ほとんど不可能なことなのである。

　そんなこともあって、私たちは東京工業大学の理学流動機構の中に、分野横断タイプの"21世紀の気候変動予測"を目指す研究グループを立ち上げた。つまりいろいろな分野の研究者たちが共同で気候変動予測を研究しようというわけである。専門の境界を取り払い、真に分野横断の共同研究ができることを期待した。地球惑星科学、宇宙物理学、核物理学、古気候学、地質学などの研究分野が合体して一つの研究プロジェクトを構成し、その中でいろいろな分野の研究者らが共同して分野を横断する総合的な成果を挙げようというものである。

　このプロジェクトの最近の重要な成果は図26に示されている。つまり、地球は暖かくなるのではなく、寒くなっていく。この結論はIPCCとは異なっており、その差は21世紀を通じ、さらに大きくなっていく。私たちの結論の正しさは必ず証明されるだろう。なぜならば、太陽活動、地

第 3 章 二酸化炭素犯人説は間違い 67

磁気変動と宇宙線強度変化はすべてが気温降下につながる方向に変化しているからである。

すでに述べたように(本章53頁、図16)過去100年間、太陽活動は著しく

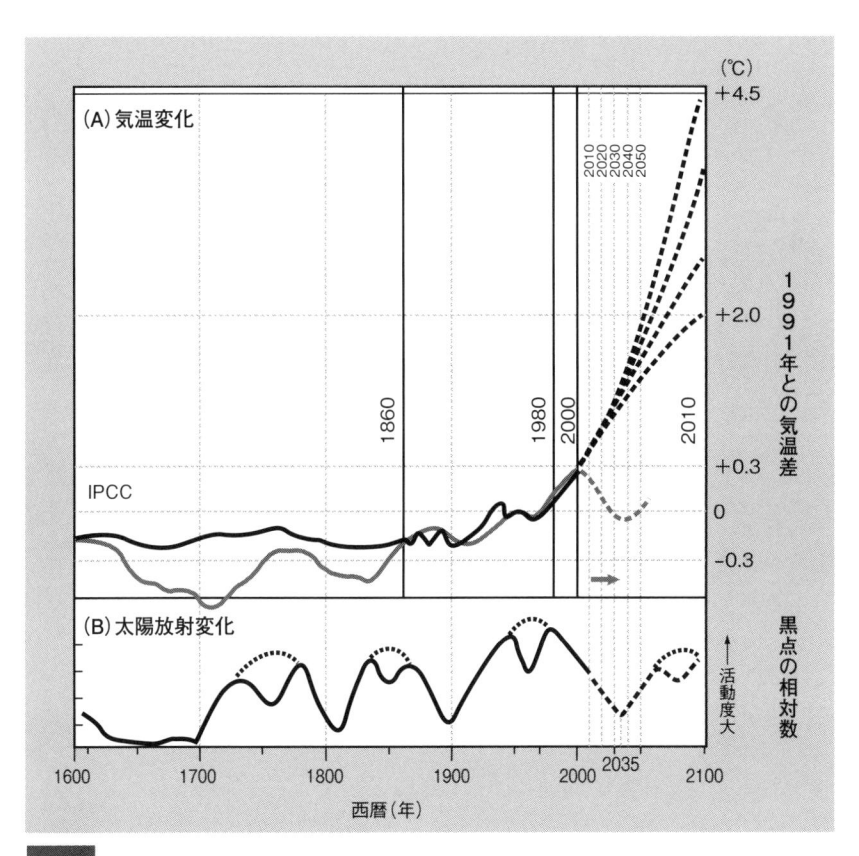

図26 21世紀の気温変化の予測

(A)図 過去 400 年間と将来 100 年間の気温変化予測。IPCC は人為炭酸ガスの温室効果のために 2100 年には 2000 年に比して 1.8℃から 4 ℃上昇すると予測した。一方私たちのグループは 0.4℃降下すると予測している。

(IPCC, 2001 及び 21 世紀気候変動予測グループ, 2010)。
図 A の灰色カーブは Oppo et al (2009) を改変。

(B) 図 Kirkby (2002) による過去 400 年間の太陽活動変化と 21 世紀機構変動予測グループ (2010) による将来の変動予測

強かったが、現在は弱まる傾向にあり、過去400年間の太陽活動変化からは2035年には最小になると予測される(図26(B))。宇宙線強度変化は過去50年間にわたって(59頁、図21)、さらには過去1000年間にわたって(5頁、図1)太陽活動と連動して変化している。宇宙線強度は過去100年間の強い太陽活動期間には弱かったが、今後、2000年以降は強まっていくと予想される。

　地磁気の変動についてはすでに述べたが、最近400年間ずっと連続的に弱まってきており(62〜63頁)、これは地表に降り注ぐ宇宙線強度の増大をもたらす。すでに述べたように、宇宙線の増大は雲量増加をもたらし、それは地球寒冷化に最も効果的である。

　以上のすべてのことから、地球の気温は降下し始め、太陽活動が最小になると予測される2035年には気温は最低になると予測されるのである(図26)。

　もとより、私たちの予想が100％正しいとは主張できない。しかし、IPCCの予測が確実であるといえる根拠はこれまで述べたように大変薄弱である。実際にIPCC報告書も100％確実とは言わず、"このような可能性がある"とか、"こうなるのはほとんど間違いない"と記述し、"このような記述の場合は…％の確率で正しいと読むこと"と説明しているのである。

　これまで述べてきたように、気候変動に影響する重要な要素は現在わかる限りでは少なくとも6つある。つまり、太陽活動、地磁気強度、宇宙線強度、宇宙力学、火山活動と温室効果ガスである。IPCCはしかし、これらのうちの温室効果ガスだけに注目して他の重要な要素を無視し、あるいはその影響を矮小化して示し、国際社会はそれをそのまま受け入れてしまっている。このようにして今日、世界では温室効果ガスだけが注目され、奇妙にも大気中で僅少でしかない炭酸ガスだけが地球温暖化の犯人に仕立てられているのである。

疑問や反論を口に出せない日本の科学者たち

　科学的素養のある人であれば、とりわけ科学者であれば、地球温暖化や炭酸ガス犯人説に多少の疑問をもっていてもおかしくないのである。最近では書店の店頭で地球温暖化論への疑問を主題とする書籍を少しは見ることができるようなったが、このことは科学と言論の自由の観点からも歓迎されることである。しかしこの種の書籍はまだまだ主流である地球温暖化論やその関連書籍に比較すれば、無視できるほど少ない。「地球を温暖化から守る」、「炭酸ガス排出を削減しよう」などなどの主題の"環境本"が溢れているのが現状である。なぜ温暖化否定の書籍はこんなに少ししか出されていないのだろうか？　理由の一つは、ほとんどの研究者はあえて多数派の意見に逆らおうとはしないことである。政府、メディアともすでに炭酸ガスによる地球温暖化論に完全に乗って動き出してしまっているのである。こんな状況のときに、もし研究者が流れに逆らって温暖化を否定したならば、この小さい日本では社会的に大きな圧力を受けるだろう。この流れは日本だけでなく、世界的にも同じである。同様に、もし研究者が炭酸ガス犯人説に異議を唱えたならば、彼がどうなってしまうかは誰にもわからない。逆にもし彼の研究が時代の流れに乗っているならば、その研究には大きな資金が入るのである。

　いずれにしても、地球温暖化と炭酸ガス犯人説に対して疑問をもつ研究者は大勢いるのである。少なくとも私の知る限りでも数十人はいる。彼らの多くは、疑問をもってはいるがそのことは公にはしないようにと私に言う。科学者の世界は読者が想像するよりはるかに狭いものだ。大部分の科学者は大勢に逆らうのを恐れるのである。

　2006年にある科学会議が米国であり、私は招待されて参加した。そこで私はあるドイツ人科学者と話す機会があった。彼は過去6億年間の気候データを研究していたのである。彼は炭酸ガスによる地球温暖化論はまったくのナンセンスだと明確に主張した。私も別の観点からこの問題を議論し、同じ結論を述べた。私たちは固い握手をしたが、彼は別れ際に「こ

意見の表明にはくれぐれも注意するように、貴方はまだ若いのだから」と言ってくれた。彼はすでに退職して母国を離れてカナダに移住し、世俗を気にしないですむようになっていた。彼は自分は大丈夫だが、あなたはまだ若いので難しいことになると心配してくれたのである。

　地球温暖化論とその炭酸ガス犯人説への反論が少ないことの理由はもう一つある。それは大学教員の研究領域が一般の人が考えるよりもずっと狭く、専門化してしまっていることである。大学教授がすべてを理解できるなどということはまずありえないことである。科学界は専門化され、すでに2000以上の分野に分かれている。ほとんどの科学者はいわば専門馬鹿になってしまっているというのが実情である。それぞれの専門分野ではそれぞれの専門用語があり、いわば2000の外国語でしゃべっているようなものであり、分野間の相互理解はほとんど不可能な状態である。したがって、研究者は他分野の研究結果については一般にそのまま受け入れてしまうことが多く、とりわけIPCCのような強い権威からの発信に対してはまず抵抗できないのである。自分の専門だけしか知らない研究者にとって、気候変動というような広領域にわたる問題を理解することはまったく不可能なのである。

　逆に言うと、気候変動は多方面の領域を含む分野だから、専門家はいないとも言えるのである。さらに、地球の気候を太陽とそれを受ける地表条件だけから解析しようという時代は過ぎ、太陽系を超えた宇宙から地球内部のコアまでの学問を総合しなければならないことがわかってきた。

　自然を研究するときに細かい専門領域に分かれて研究することは"要素還元主義"と呼ばれる。多くの科学者はこの要素還元主義に毒されており、気候問題について自分で判断する能力をなくし、気候問題を考えるときにまず炭酸ガス犯人説を出発点としてしまう。

　さて、この炭酸ガス犯人説はどのようにして"確立"したのだろうか。確かな理由を示すことは私にはできないが、一つの可能性は、ある目的、たぶん日本バッシング（第6章、116頁）をやりたくて仕方のない一部の人たちが意図的に、これを上手に広めたということかもしれない。

今日、地球温暖化との戦いはすでに大きなビジネスになっている。すでに触れたように(42頁)途方もなく大きなお金がこのビジネスで動いている。NPOや企業でいったいどれほどの人たちがこのビジネスにかかわっているか、すでに数えられないレベルである。このため、大部分の科学者にとっていまさら地球温暖化議論を正常に戻す、つまり炭酸ガス犯人説の欠陥を指摘することは不可能になってしまっているのである。

　さらに第2章でのべたように、世界はボーダーレスになりつつあり、この中で炭酸ガス排出権の交易が開始され、炭酸ガスマーケットができあがってしまっているのである。私が地球温暖化についての議論をしようとしたときに、ある研究者は私に「私はこの温暖化のおかげで食っているのだから、そんな議論をしないでくれ」と言ったものである。こんなことはいつの時代でもどこにでも起こったことである。今日のできごとは例えばコペルニクスやガリレオ、ダーウィンのときと同じである。大多数が信じている理論に反対の意見を述べる科学者は圧殺され、実際に過去には命を奪われる場合さえあった。

　しかし、真実は別にある。そしてその真実は時間が経てば明らかになる。とくにこの地球温暖化問題は5年から10年のうちに結論が見えてくるであろう。それは自然が私たちの議論に関係なく、私たちに明瞭に示してくれるのである。すでに述べたように、私の結論はIPCCの結論と逆であり、二つの主張に対する審判は上記の期間のうちに下されるのである。ダーウィンの進化論やコペルニクスの地動説はのちの科学者によって確認されたが、地球温暖化問題はこれと違い、論理やアイディアから離れて自然自身が事実と真実を我々に示してくれるのである。

刷り込まれる「二酸化炭素犯人説」

　私は東京工業大学で講義をしている。そこで一般教養課程での講義の時間、1年目の学生に「地球は温暖化していると思う人は手を挙げなさい」と聞いてみた。するとすべての学生が手を上げた。次に「それではその原因

は炭酸ガスのためと思うか？」との質問にも全員が手を挙げたのである。これは100％の学生が地球温暖化とその原因が炭酸ガスであることを信じているということだ。これは無理もないことで、彼らの情報源がメディアと、高校、中学での教育によっているからである。しかし大学院修士課程の１年生でも同様だった。大学で科学を学び、さらに研究者として大学院に在籍する学生たちでさえも、誰一人として地球温暖化とその炭酸ガス原因説を疑おうとしなかったのである。

　しかし、私が気候変動に影響するすべての問題、太陽活動、宇宙線、地磁気、天体力学などの気候変動にかかわる要因を一つひとつ説明していくと、学生の多くは理解し、地球温暖化と炭酸ガス原因説に対して別の見方ができるようになった。私はいろいろな場所で機会あるごとに地球は近い将来に寒冷化すること、大気中炭酸ガス増加によって将来に地球温暖化することはありえないことを強調してきた。

　そのために、私の見解を破綻させようということで講演会が企画されることがときどきあった。そんなときには私は喜んで参加し、積極的に議論に参加したものだった。あるときそんな講演会の一つがネット上で参加者を募集して行われた。研究者や学生、マスコミ関係者など数十人が集まった席で、私はいつものように、気候変動をもたらす要因を一つひとつ説明していった。丁寧に地球の気候変動にかかわると思われる要因を説明していくと、ほとんどの人がきちんと聞いてくれ、話が終わった後には、かなりの人が残っていろいろな質問をしてくれた。質疑応答を重ねると、二酸化炭素の影響力がどれほど小さい割合なのか、地球温暖化の二酸化炭素原因説がいかに馬鹿げているかを、ほとんどすべての人が理解してくれた。

　しかしただ一人、この講演を企画した本人だけはいくら議論を重ねても、かたくなに私の説明を受けつけようとしなかった。それはもう、彼にとって「宗教」のようなものなのだろう。こうした、理解しようとしない人は一定の割合でいるものである。より合理的に考えようという人となら会話が成立するが、こういう人とは議論がまったく進まない。

　それにしても、いったいなぜこのように「二酸化炭素犯人説」が、多くの

人に刷り込まれてしまったのだろうか。多くの責任はマスコミにあると私は思うのである。

温暖化危機と二酸化炭素犯人説を煽るマスコミの責任

　科学者とマスコミとの間には、大きな隔たりがある。
　21世紀は、いわば"マスコミ帝国主義"の時代になってしまっている。本来は権力を監視する役割を担うはずのマスコミが、権力が流す情報をきちんと検証もせずに受け入れて、さらにしばしばそれを誇張して報道してしまっているのである。地球温暖化に関する報道で、私が比較的公平だと思うのは米国の"News Week"誌である。自分たちで検証できない理論については、きちんと中立的な立場のその専門家を登場させて解説しているし、地球温暖化論の説を取り上げるならば、反対意見も載せているのである。あたり前のことという人もいるかもしれないが、近年の地球温暖化狂想曲の一連の報道で、こうした姿勢を取っているマスコミを、日本ではほとんどみかけることができない。
　第2次世界大戦開戦前夜の新聞報道は、年配の人には記憶があるかもしれない。どの新聞も、米英をやっつけろと、行けいけドンドンだったのだ。世界情勢を冷静に見極め、日本が本当に取るべき戦略を論じたメディアは皆無だったのである。人は「当時と現在では政治形態がまったく違うからそんなことはありえない、現在は民主主義だ」というかもしれない。しかし、実際に脆弱な根拠による「二酸化炭素犯人説」が世界を席巻しているのである。
　これはまったく、メディアが、しかも誤った事実をもとに煽動してしまっているのが大きな原因である。
　本来、現代におけるメディアの最も重要な役割は啓蒙であろう。これだけさまざまな技術が急速に進歩する時代、技術者・科学者は専門領域のことしかわからなくなっている。広い領域の科学・技術の進歩を理解し、社会に敷衍する役割をメディアは担っている筈である。

政治家や官僚は、すべてを総合的に理解して予算をどのように配分するのか、判断しなくてはならない。例えばヒートアイランド対策にいくら、大気汚染の対策にいくらというように、10年先、100年先の日本が、世界がどうなるのか、明確なゴールを見据えて判断する義務がある。しかし、現代のように急速に専門が細分化され、しかも世論が大きな影響力をもつ時代においては、政治家や官僚以上にメディアが理解して人々に知らしめなくてはならない。それは世間も、政治家や官僚もメディアに大きく動かされるからである。

　現在の地球温暖化騒ぎは、少数の人々の意図によって人々が踊らされているようなものである。なぜそうなってしまったのだろうか？　多くの人が漠然と感じていた、エネルギー問題、環境問題という不安が背景にあったのではないかと思われる。エネルギー問題とは、石油が近い将来枯渇することであり、環境問題とは、水と大気の汚染問題である。これら二つの問題は、人類が早急に考えねばならない緊急で最重要な問題であることは確かである。しかし、これらの問題と「地球温暖化と炭酸ガス排出削減」問題はほとんど関係がないのである。一刻も早く、二酸化炭素削減ばかりに気をとられず、上記の二つの緊急で重要な問題を地球的規模で考えねばならないときなのである。

　エピローグで指摘されるように(139頁参照)、間違いや意図的なデータ操作を含んだ報告書を出したIPCCや、さらにそのIPCC報告を無批判に受け入れて大々的に報道して社会を扇動したメディアの責任は当然に最も大きく、追及されねばならないだろう。しかし一方、社会も情報を全面的に受け入れないで、むしろすべての情報に対して批判的に受け止める必要があるとさえいえるのである。

　さらに言えば、過去200年間にわたって地球気温は、自然周期、とりわけ太陽活動の変動を反映して上昇してきたのは確かな事実である。加えて都市においては、ヒートアイランド現象が加速し、これが人々に直感的に地球温暖化を想起させ、さらにメディアがその誤った理解を広めたのである。ヒートアイランド現象は日本の人口の約8割が都市に住む現代におい

て、大変に重要な問題である。しかし、それは地球全体の温暖化とは明らかに別問題であり、解決策は地球温暖化問題とは切り離して究明し、解決の道を探らねばならないのである。

第4章 寒冷化はすぐそこまで来ている！

現在は氷河時代の中の短い間氷期

「地球の気候はこれからどうなるか？」この疑問に私たちはどう答えられるだろうか。気候は複雑系であるから、この質問に答えるには過去の気候変化の記録を調べて現在のそれと詳しく比較することが必要だろう。そのことによって私たちは気候変動に影響する主な原因を見つけることができる。前章で私は過去数百年間の太陽活動、宇宙線強度、地磁気と気温の変動をみると、将来数十年のうちには気候が寒冷化するこが明らかであると主張した(55〜68頁)。過去の気候変動をさらに遠い過去までトレースすることによって、上記の結論の確からしさが一層明らかにされる。

まず、地質学的な長期の気候変化をみてみよう。地球史の中で白亜紀(1億4300万年前から6500万年前の間で、7800万年の期間)はその大部分の期間が大変に暖かい気候だった。しかし、白亜紀の終わりから気温は次第に下がり、次の第三紀になると地球上には氷河ができ始め、ついには氷河期が繰り返し襲うようになった。第三紀の終わりの頃、今から約700万年前までは、人類はゴリラやチンパンジーの仲間と同じ動物種だったが、500〜450万年ほど前に人類の祖先種(アウストラロピテクス)が地球上に出現した。

寒冷化がさらに進み、南極と北極周辺には巨大な氷床が発達するようになった。過去250万年の期間はとりわけ巨大氷河の発達が著しく、現在

も含めて氷河時代と呼ばれている。この後半の期間にはギュンツ、ミンデル、リス、ヴルムという4回の氷期が知られている。最後のヴルム氷期は今から1万年ほど前に終わり、その後は現在のように大変に暖かく、安定した気候である間氷期になっているわけだ。人類がこの地上に現れたのは地球史の中ではごく最近であり、とりわけ日本で文明開化が始まってからは地球史の長さからみればほんの一瞬なのだということをいつも認識していなければならないのである。

　以下に、ここ最近の気候変化について少し詳しく解析してみよう。図27は過去40万年間の気候変化である。

　この図は地球の気候が鋸の刃のような激しい寒暖の繰り返しをしてきたことを示している。

　例えば温度の急激な降下が12万年前にあり、その後はさらにゆるや

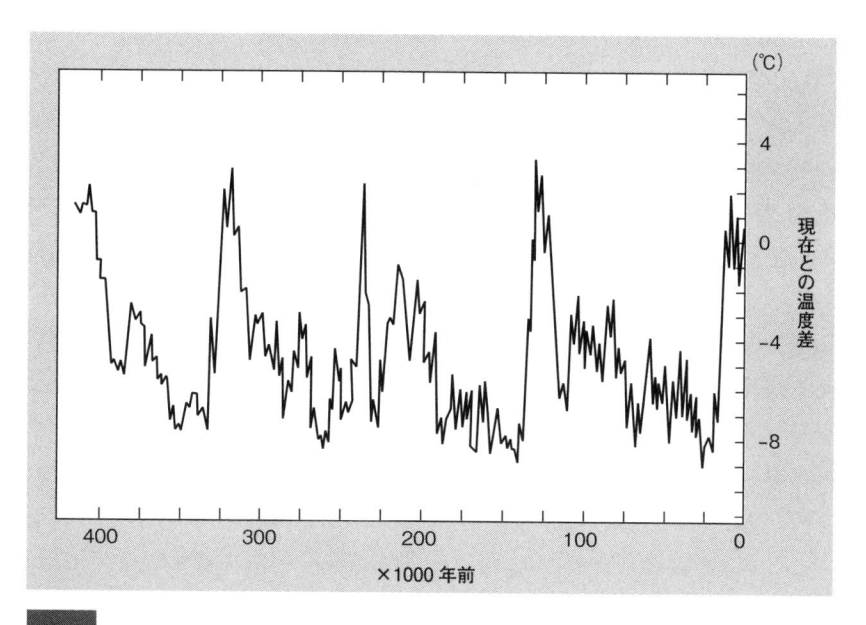

図27　過去40万年間の地球気温変動

（南極氷床コアの酸素同位体解析に基づくデータ，IPCC, 2001を改変）

かな温度降下がジグザグを繰り返しながら約十万年続いている。約1万2000年前に突然に著しい気温上昇があり、現在我々は気温の最も高い時期にいることになる。

　上のグラフはこの地球の気候変動が十万年サイクルで繰り返していることを示している。このような過去の記録から、今後温暖化するか寒冷化するかを予想できるだろうか。まず第1に、過去40万年間にあった10万年間隔の気温変化サイクルが今後も続くとすると、この温暖な気候は近い将来に終わって寒冷化に向かっても不思議ではない。第2にもう少し詳しい過去の気温変化をみてみよう。過去9500年間の気温変化を図28に示した。この図はヴルム氷期後の温暖期における気温変化の詳しい様相を示している。この図でみると、約7℃の最も大きな温度上昇がヴルム氷期の終わりから3500年ほど経った、今から約6000年から7000年前にあった。このヴルム氷期からの回復期における大きな温度上昇を除いては、気温変化は2000年から数百年間隔のサイクルで変動を示し、そのサイクルは次第に小さくなってきている。そして、この温度変化はゼロ値からプラスマイナス2〜3℃の範囲であった。

　約6000年前頃、つまり過去で最も高温であったときの気温は現在よりも約2.5℃ほど高かった。そのとき、日本では縄文海進として知られる海水面上昇があり、当時の海水面は現在よりも3〜5m高かったことが知られている。当時の東京の海岸線は現在の大森貝塚あたりにあった。以後、海退と海進が気候変化に対応して数回繰り返された。つまり、気温の高いときは陸氷が海水に変換されるので海進が、低いときにはその逆で海退になったのである。したがって当然、現在海面よりも上にある地点でも、かつては海面下だったというところはたくさんあるのである。

　今、人間社会は温暖化が来ると騒いでいるが、南北両極地域には氷床があり、第1章で述べたように、この極地の氷床は極端な温暖化や寒冷化から地球を守ってくれているのである（25頁）。現在我々は約250万年前に始まった氷河時代の中の短い間氷期にいるのであり、次の氷期は間違いなくくるのである。過去の気候変動記録や最近の詳しい気温変化記録による

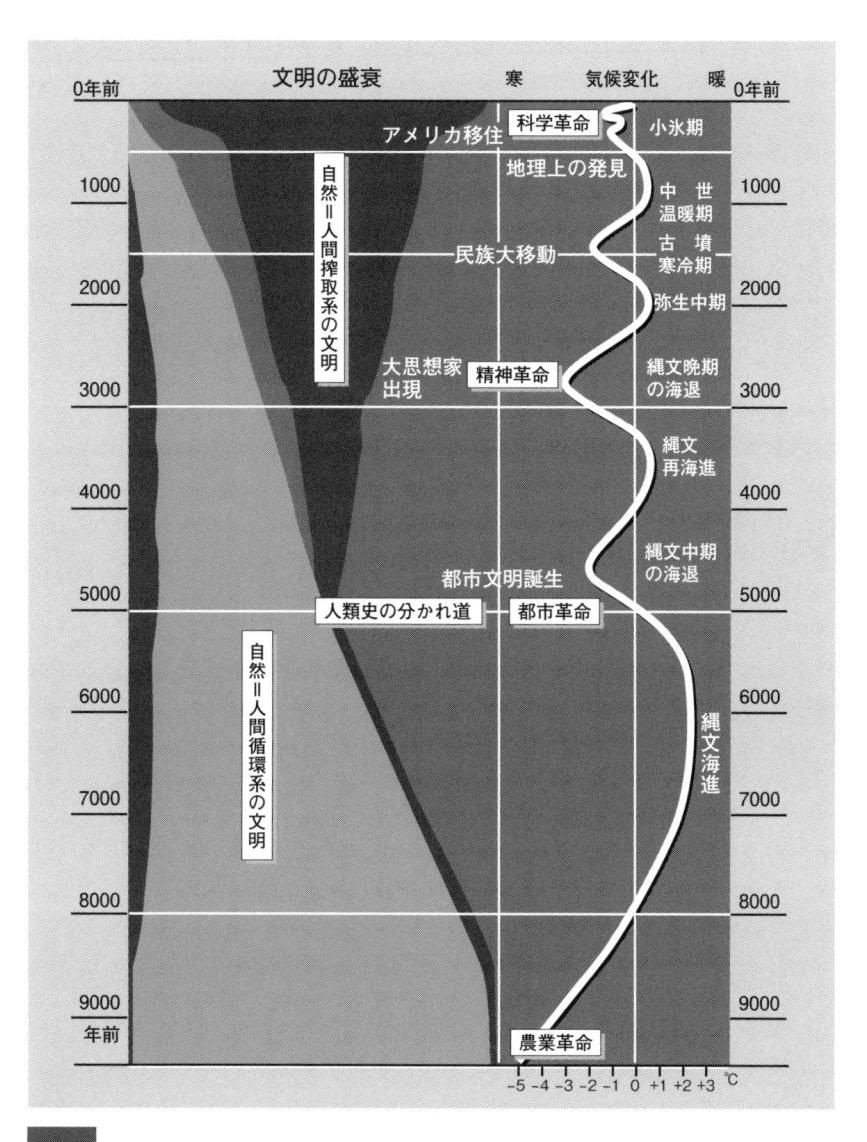

第4章　寒冷化はすぐそこまで来ている！　79

図28　過去9500年間の気候変動、海水面変化と人類の文明史

（小泉・安田, 1995 などを参考に作成）。

　横軸温度のゼロは現在（この図が発表された 1990 年前後）の年間平均気温、プラス・マイナスは現在の平均気温との差を示す。

と、長い目で見れば間違いなく地球は将来どんどん寒くなるのである(66〜68頁)。

　さて、ここで気温変化と太陽活動の関係についての議論と図を思い起こしてみよう(53頁の図16と67頁の図26)。58〜61頁で述べたとおり、気温変化は太陽活動とよい対応を示している。日本で関ヶ原の戦いの直後から江戸中期までの期間は、太陽黒点は少なく、したがって太陽活動は弱かった期間である。この期間、寒冷気候のため東北日本は飢饉に襲われ、農民は収穫をなくして死者が多数出たのである。食糧不足のために農民一揆などがあり、また口減らしのために農民が自分の子供を殺すなど、不幸な出来事が多発した。英国ではテムズ河が氷結し、人々は氷河期がくると騒いだものであった。実際このときは地球全体として寒冷な時期であり、後に小氷期とも呼ばれるようになった。

　この後、太陽黒点は再び増加し、最近では太陽活動の活発な時期がほぼ100年間、現在まで続いており、我々は最も暖かい時期の直後にいるようである。つまり、現在の温暖な気候は太陽活動の増加と、そしてそれが影響する宇宙線の減少によるものである可能性を示している。そしてまた、太陽活動はやがて弱まり、宇宙線は増加していくだろうことを示している。このことは結局、現在の温暖な気候が寒冷な気候へと変わっていくことを強く示唆しているのである(66〜68頁参照)。地球の温暖化と寒冷化は、人類が炭酸ガスを出そうが出すまいが、上記のように繰り返し行われることは明らかなことなのである。

　それでは次の寒冷化の到来は実際にはいつなのだろうか。上記のように、地球は過去100年間、温暖な時期にあった。しかし寒冷化がくるのは間違いないし、現在はいつそうなってもおかしくない時期と言える。

　かつて1960年代から1970年代に名古屋大学の樋口啓二博士や気象庁の根本淳吉氏が寒冷期がくると指摘したことがあった。同様の考えは英国では200年ほど前からすでに出ていたし、米国でも少なくない科学者らが指摘していたのである。幸いなことに寒冷化はまだ日本でも、英国や米国でも始まってはいない。しかし地球の歴史をみる限り、寒冷化が来るの

は必至である。2005年前後から、すでに気温低下の始まりがみられるのである(10頁)。もちろん今後気温は上昇したり低下したりを繰り返すであろうが、全体としての気温降下はすでに始まっていると考えられる。過去の記録はすでに述べたように(66〜68頁参照)今後は気温が全体として次第に低下し、2035年頃には一つの谷を迎えるであろうことを示唆しているのである。

現在グリーンランドでは過去100年間の温暖化を受けて氷床が解け続けている。この世界最大の島はかつて8世紀から11世紀の頃には緑に覆われた、文字どおりのグリーンランドだったのである。その後寒冷な気候によって氷床が発達して植生が追われ、今日のような氷の島に変わったのである。地球温暖化によってグリーンランドに再び緑が戻ることはまったく不思議ではないのである。

しかし、すでに述べたように、地球は寒冷化に向かっていると思われる。一部の地球温暖化論者はグリーンランドから氷床がなくなるのは遠い未来ではないなどと指摘しているが、少なくともここ100年間、いや、たぶん10万年間は、グリーンランドが緑の島になることはないであろう。

地球寒冷化が生物大絶滅をもたらす

最近、過去の堆積物解析による地球の気候変動データが次々と出されてきている。ここではこれらのデータを参照して、過去の気温変化だけでなく、気温変化のパターンにも注目してみよう。**図29 A**は、先に示した(図27)南極氷床コアの解析による過去40万年間の気温変化図に今後10万年間の気温変化予測を加えてある。気温変化は10万年単位のジグザグな繰り返しを示している。この図と**図29 B**で、ここ12000年間続いた現在の温暖期のあとの急激な寒冷化がどのように起こるかを検討してみよう。

我々は現在図29 Aの点Aにいる。過去のパターンをみれば、我々はまさに急激な気温低下がいつ起こってもおかしくないところにいることがわかる。あと100年も生きられないからどうでもよいという人がいるかも

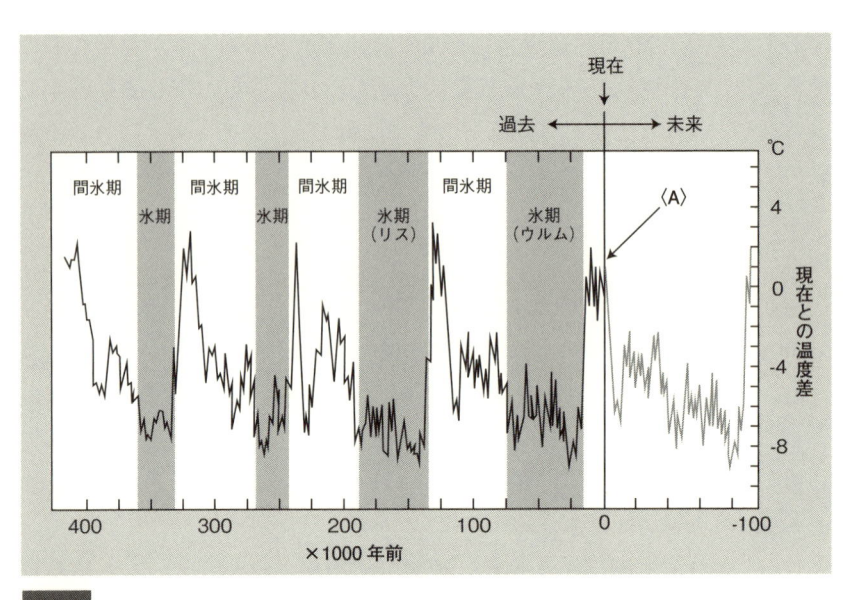

図29A 過去40万年間の気温変化とその将来10万年への延長

(IPCC, 2001 を改変)

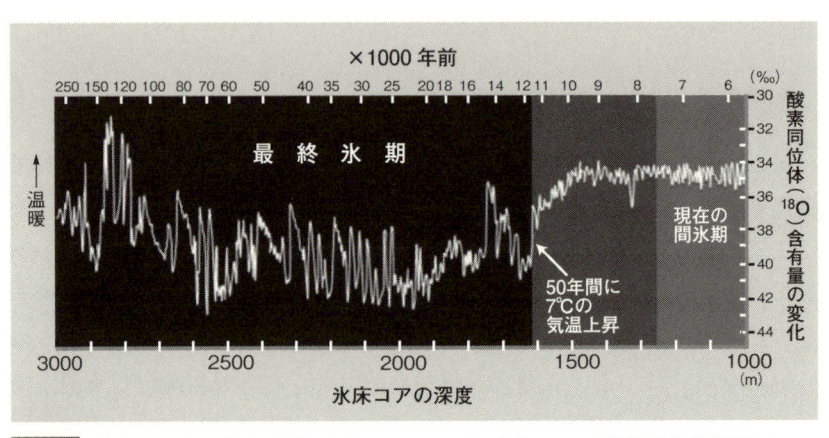

図29B 過去25万年の気温変化がグリーンランド氷床コアの酸素同位体解析で示されている

(Dansgaard et al., 1993 を改変)

下の横軸は氷床コアの深度、上の横軸は推定される氷床の堆積年代を示している。

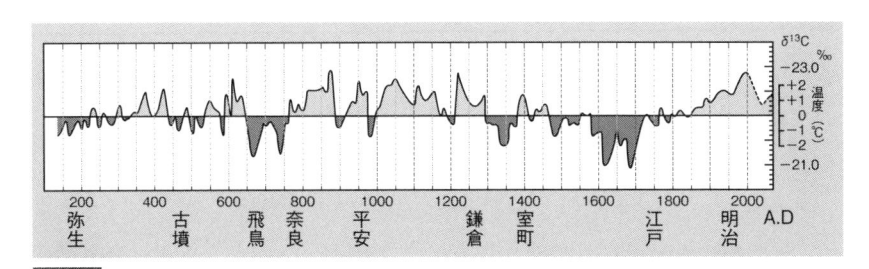

第4章 寒冷化はすぐそこまで来ている！　83

図29C 屋久杉年輪の炭素13同位体比から推定した過去1850年間の気温変化

（名古屋大学・北川浩之博士のデータより）

しれない。しかし、気温低下は100年以内に起こるのであり、100年後に起こるということではない。つまり私たち自身、あるいは子供の将来に確実にかかわることなのである。では、実際に何年後と予測されるだろうか、以下にこの点についてできるだけ考察を進めてみよう。

いま我々の手元には過去1800年間の気温変化を5年間隔で記録したデータがある(図29C)。さらに、すでに紹介した過去9500年間の気候変化記録もある(79頁、図28)。これらの図を解析すると、現在の温暖期は100年周期と1000年周期の温暖期が合わさったものであることがわかる。この1000年周期の最近の温暖期は中世温暖期である。

ここでまず、図29Bを詳細に検討しよう。気温の急激な上昇は約14000〜15000年前にあり、その後気温は次第に降下したが、12000年前に再び急激な気温上昇があった。このときの気温上昇は50年間に7℃という急激なものであった。1万年前以降は今日と同様に気候は安定していた。人類の著しい文明発展があったのはこの期間だったのである。しかし、この図の25万〜12万年前の期間には、50年間で7℃という、12000年前にみられたような急激な気温変動があたり前のように何度も起こっているのであり、ここ1万年間のような安定した気候状態は稀なことであるのがわかる。もし現在の温暖期が終われば、地球は再び急激な寒暖を繰り返す普通の気候状態に戻るであろう。人間社会の文明化と化石燃料使用に伴う炭酸ガス排出はほんの200年ほど前から始まったことである。長い

地球の歴史からはこれはほんのわずかの期間であるし、かつ小さな出来事であり、地球はさらに大規模な気候変動をごく普通に無数に繰り返してきているのであり、今後も繰り返すのである。

現在の社会ではほんの数℃の気温変動に神経を尖らせている。しかし、上記のように、3～4℃の気温変化は過去にごく普通にあったことであり、氷期になれば7℃の変動も普通なのである。このような気候変動は産業革命のはるか以前、人類の文明活動と無関係に何度も繰り返されてきたのである。

上記のように、気候変動は地球が基本的にもっている性質である。大きな気候変動が人類文明より以前にあったことは疑いのない事実である。IPCCは過去100年間で0.5℃ほどの気温上昇を人類活動の影響による気温上昇であると強調し、社会では1～2℃程度の気温上昇を取り上げて地球温暖化の影響と騒ぎたてているが、このような地球の歴史からみればとるに足らないことなのである。

世間の人々、とりわけ豊かさを享受している先進国の人たちは保守的であり、現在の快適な生活の維持を望む傾向がある。しかし自然はそんなことにはおかまいなく、人類だけが彼らにとって都合のよい環境をそのまま維持してほしいと思っても所詮無理な話である。地球の歴史上、無数の種が絶滅してきた。もちろん人類もその例外ではないであろうし、ほかの生物種と同じ道をたどる可能性はきわめて高いはずである。そのような事態をまねく原因は、地球温暖化よりは地球寒冷化のほうが可能性が高い。いずれにしても、ここで強調したいのは、地球温暖化は人類にとって決して都合の悪いことではなく、むしろ都合のよいことが少なくないということである。

まず温暖化は一般的に耕作可能な土地を広げるし、食糧生産量を高める。現在耕作が不可能な寒冷地でも、暖かくなると耕作が可能になる。実際のところ、過去1万年間の温暖期がなかったならば、人類は現在のような発展をとげることはできなかったであろう。人類は温暖な気候を利用して農業を始め、文明社会を形成し、ついには工業へと発展させてきたので

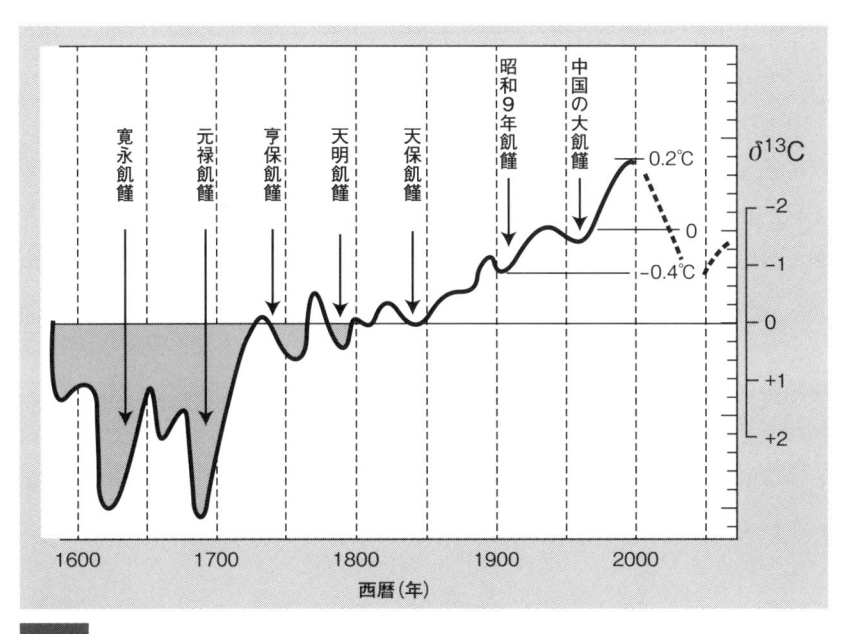

図30 江戸時代における気候変化と飢饉の関係

（Kitagawa and Matsumoto, 1995 に加筆）

ある。

　寒冷化は明らかに温暖化と異なり、人類にとって脅威である。江戸時代の飢饉がつねに寒冷期にあったことはいうまでもないことである。図30は、江戸時代以降7回の飢饉がすべて寒冷期と一致していることを示している。このことから我々研究者は、将来の気候変動、とりわけ寒冷化がいつくるかの予測を示す努力をしなければならない。寒冷化による食糧生産量の減少は人口を極端に減らさないと解決できないからである。

人類・生物界が繁栄してきたのは地球温暖化時代

　地球温暖化は本当に恐ろしいことだろうか？
　地球温暖化の証拠としてしばしば崩壊する氷河の絵が示される。地球温

暖化によって氷河が解け、あるいは後退することはこの地球上の多くの場所、とりわけ北半球の山岳氷河地域で顕著にみられることは事実である。しかしこの話には少しトリックがある。地球上のどこかで氷河が解ければ、別なところで降雪量が増加することがある。たとえ気温が全体として上昇したとしても、それは上記のサイクルの速度を速めるだけという見方ができる。実際に、ある地域では氷河が後退していても、別な場所では拡大しているということもあるということである。しかし実際のところ、地球全体として氷河は縮小していると思われる。これはここ200年間の地球温暖化の影響であり、これはこれまでに述べてきたように、主に太陽活動の活発化によっている。

　地球温暖化は現在の海流系を変えるだろうとよく言われる。そのようなことは小規模には発生するであろう。もし気温が上昇すれば大陸面積の広い北半球がまず暖まる。これは陸地のほうが海洋よりも比熱が小さく、すぐに暖まるからである。例えば地球全体で平均2℃の気温上昇があるとすると、北半球では3℃上昇する一方、南半球では1℃しか上昇しないというようなことが起こるのである。そこで北半球では多量の氷が融けて冷たい海水をつくり、これがメキシコ湾流を弱くし、欧州に寒冷な気候をもたらすというわけだ。しかし、これは地球全体としてみれば大きな変化にはならないのである (Stouffer et al., 2006)。

　それでは、ハリケーンや台風にみられるような異常気象現象はどうだろうか。ハリケーンの発達はハリケーンの発生する海上の風の強さに関係し、その風の強さは太陽活動の強さに関係するという観測結果がある。ハリケーンの発生数が近年急増している事実はないとの解析結果も最近出されている (16〜17頁)。すでに指摘したように、これらの異常気象現象が気温上昇や大気中炭酸ガス増加に起因するかどうかはわからないことであり、科学的にはむしろ「関係あるとは言えない」とする見解に落ち着いたようである。

　最近は異常気象が突然に増加したように感じることも多い。しかし、これは地球全体をカバーする気象観測網が完成されたのが最近のことであ

り、インターネットや気象観測衛星のおかげで我々は瞬時に地球上のあらゆる場所での気象現象を手にとるように見られる状況になったことと関係しているのであろう。そのため、世界中で異常気象がたくさん発生しているというような印象を受けるのである。こんなことはこのほんの20年来のことだ。これに加えて地球温暖化論に毒されたメディアは世界の異常気象を取り上げ、地球温暖化に起因すると吹聴する。私はこれまでに異常気象現象、例えばハリケーンや台風が大気中炭酸ガスの減少によって少なくなるというような科学的な報告をみたことがない。

地球寒冷化による民族大移動の歴史

　地球が次第に寒冷化し、寒冷期に入ることは間違いない。それではいったいいつ寒冷化が始まるのかが、我々にとって最大の関心事となる。まず、最も暖かかった6000年前と、最も寒かった12000年前を比較してみよう。この寒冷期には年平均気温は現在よりも7℃低く、北半球のニューヨークとロンドンを結ぶ線以北は氷に覆われていた。現在のニューヨーク市のあちこちには当時の氷河に運ばれた巨大な迷子石がみられる。もちろん、人間はもとより、ほとんどの動物も上記の線より北方では生息できなかったのである。これが最近の過去で最も寒かった当時の世界だ。

　一方、最も暖かかった6000年前はどうだっただろうか。このときは縄文海進で海面の大きな上昇があった。気温は現在よりも2℃ほど高かった。例えば青森県は現在の東京くらい暖かかった。この当時の最大の遺跡は青森県の三内丸山遺跡である。この遺跡の研究によれば、青森には大きな集落があり、くるみを栽培していたという。このことから、当時青森では十分な農業生産があり、食糧に困ることはなかっただろうことが推測される。当時の海面は現在に比べて数メートル高く、東京湾の海岸線は現在の東京駅のあたりまで来ていたし、東京湾は大宮あたりまで広がっていた。もちろん現在の東京の下町はすべて海の下であり、人間は住めなかった。しかし、人間の住める場所は他にいくらでもあり、また、食糧生産も

問題なかったのである。
　以上、過去25000年間で最も暖かかったときと寒かったときについて比較してみた。それではもう少し近年について見てみよう。上記の最も暖かかった6000年前の温暖化はもとより、人類排出起源の炭酸ガスもまったく無関係である。
　上記の事件と比較して、4世紀の頃、地球には短い、少し寒冷な時期があった。その頃世界になにがあったのだろうか。4世紀にはドイツ民族の大移動があった。なぜ突然にこのような民族大移動があったのだろうか。
　現在、中央アジアから西アフリカにわたる広大な地域は大部分砂漠に覆われ、部分的には半砂漠的、あるいは草地である。これに対して温暖期には緑地が中央アジアに広がり、この地域のモンゴロイドやアーリア系の人口は著しく増加した。しかし4世紀には気候は温暖期から寒冷期へと変化した。中央アジアでは植生は極端に減少し、砂漠化が起こった。中央アジ

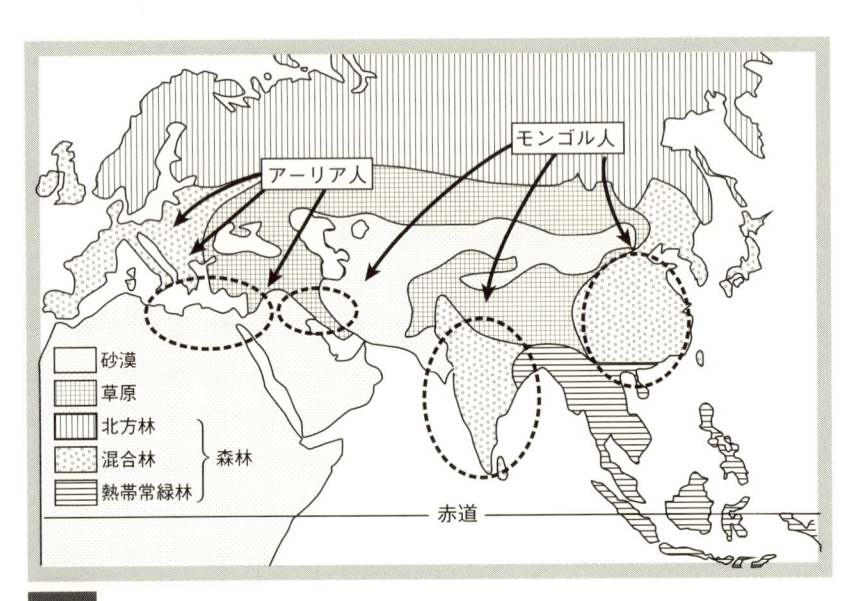

図31　4世紀前後の寒冷期の民族大移動

(髙谷, 1997 から編集)

アに住んでいた遊牧民はそこに住めなくなり、生活必需品を持ち家族をつれて南方に移動した。この寒冷期にはアーリア人も彼らの住んでいた西方から東南方にヒマラヤを越えて何度も移動してきた。彼らは南方への移動を続け、ついにはインドを支配するまでになった。

一方スカンジナビアの南部やドイツ北部に住んでいたゲルマン民族も寒冷化に追われて南方に移動し、ローマ帝国に迫った。ドイツ周辺に住んでいたアングロサクソン民族も南方や西方に移動し、一部はイギリス諸島まで移動した。寒冷期には食糧生産が困難になり、人類は南へ南へと移動した。民族移動はつねに寒冷期に、南方に向けて起こっているのである。

それでは日本でどんなことがあったかをみてみよう。5世紀の聖徳太子の時代には、大陸から大勢の人々が日本に来た。多くの人々が寒冷化した大陸には住めなくなったと思われ、当時の移民は50万人に及ぶとみられている。このときの移民はいろいろな技術を日本にもたらした。今日でたとえれば彼らは高性能なスーパーコンピュータを持ってきたようなものである。聖徳太子はこれを歓迎し、彼らを支援し、生活資金を与え、京都の太秦に居住地も与えた。当時は京都だけで1万人の外国人が住んでいたと言われる。この数は当時の日本の人口が1千万人ほどだったことを考えれば、ずいぶんと多いことがわかるだろう。ちなみに当時の世界人口はわずか3億人だった。この時期の気候寒冷化は、日本では間接的に大化の改新(645年)の原因にもなっている。当時のアジア大陸からの移民は日本にとって悪いことではなかった。日本の人口は少なくて耕地に余裕があり、移民はまた多くの新しい知識や技術をもたらしたからである。

しかし、現在そのようなことが起こったならどうであろうか。現在の日本の人口は1億3000万人であり、世界の人口は67億人である。次の地球寒冷化に際しては大陸から多数の難民が日本に押し寄せる可能性が高い。そんなとき、日本はいったい何人を受け入れることができるだろうか。日本は現在温帯に属し、暖かい気候を享受しているが、地球寒冷化となると日本だけが寒冷化を免れることはできない。北海道と東北地方は間違いなく食糧生産が著しく困難になり、日本の食糧事情はどんどん悪く

なってゆくだろう。以上のように、寒冷化は人類にとって大変に困難な状況をもたらすのである。

地球環境変化は生物進化に影響

次に、温暖化のときになにが起こるか、もう少し考察を進めよう。

"環境に適応できた生物だけが生き残る"はダーウィンの適者生存原理である。環境がゆっくりと変化すると、生物もその環境変化に適応しながらゆっくりと変化する。そしてそのように変化した生物だけが生き残ることになる。これが生物多様性をもたらすのである。

ダーウィン後の最大の発見は、大量絶滅である。ダーウィンは、非常に短い期間に全生物の96パーセントが絶滅したという事実（約2億5000万年前にあった大量絶滅）を受け入れることができなかった。実際のところ、ダーウィンの時代にはこの大量絶滅を証明する決定的なデータはなかった。しかし現在では、過去6億年の間に大量絶滅が何度かあったという確かな証拠が知られている。最初の大量絶滅は約6億年前であり、それ以後5回の大量絶滅があった。最大の大量絶滅は2億5000万年前だった。読者は大量絶滅といえば6500万年前の恐竜の絶滅を思い起こすだろうが、それはそれほど大きな事件ではなく、中生代と古生代にはもっと大きな大量絶滅があり、もっと多くの種が絶滅した。地球の歴史の中で恐竜の絶滅事件はかなり小さい事件である。

さらに詳しく地球史を覗いてみよう。奇跡の星とか生命の星と呼ばれるこの46億歳の地球も、誕生後40億年ほどは生命に関してはまったく単調でつまらない星だった。生命は存在したが、それは顕微鏡下でしか見えないくらいの小さなものだった。

しかし8億〜6億年前にかけて、微小な単細胞生物が突然に多細胞構造を獲得し、蘚苔類、動物、植物界で突然に大きな多様性が出現した。そして脊椎動物の祖先となった非常に大きな多細胞生物が出現した。脊椎動物の祖先は、もちろん私たちの祖先の祖先にもつながる生物である。生物は

単細胞では大きくなることはできない。多細胞となった生物は巨大化し、ついに動物が誕生した。約5億4000年前、突然に生物が爆発的に多様化し、大型生物がいっせいに出現した。いわゆるカンブリア紀の大爆発と呼ばれる現象である。

　生物はなぜ多細胞になることができたのだろうか？　当時の地球史をよく調べてみると、地球環境が当時激変し、地球上には多種多様な環境が生まれたことがわかった。これは大変に重要な発見である。生物が生き残り、あるいは進化するためには、大気の温度のほかに、海水の化学組成が重要なファクターとなる。海水の組成は数十億年前の海の誕生以後一定ではなく、突然に大きく化学組成が変化したことが何度かあった。その中で生物進化にとってとりわけ重要な変化が8億年前から6億年前の間に起こったのである。このときにはまた、全地球凍結が生じたような寒冷気候から温暖気候への変化もあったのである。

　カンブリア紀の生物大爆発の後、5億4000万年前から2億5000万年前までの短い期間に、生物界は大進化をとげ、魚類、両生類、爬虫類、鳥類やほ乳類が生まれた。そして、その後約1億年前の白亜紀には地球は全体として大変に暖かくなった。両極から氷床が消え、海水面は今よりも300mも高くなった。平均海水温は現在よりも20℃高かった。北極も南極も暖かくなり、大きな森が発達した。生物種は爆発的に増加した。これらの生物の化石は今日の石油や石炭の多くのもととなった。とりわけ現在我々が利用している石油の殆どはこの時代の生物に由来するものである。

　以上のように、地球温暖化が生物にとって好条件であり、そのようなときにこそ、生物が多様になることがわかる。さらに、温暖期には海水の蒸発が促進され、その水蒸気は風で海から遠く大陸内部まで運ばれて雨を降らせる。したがって、農耕に適した地域は現在よりも増加する。これは海面上昇によって失われる陸地面積を補って余りあるのである。すなわち、農業生産の見地からも、温暖化は人類にとって有益なのである。

　まれに「温暖化は農業にとって有利」とのニュースが新聞に載ることがある。1988年11月11日付けの朝日新聞はM．パリー博士グループの「温暖

化は日本の農業にとって有利であり、とりわけ米の生産量が大きく伸びる」との研究を紹介している。また、1997年12月1日付けの産経新聞は、米国のT.G.ムーア博士の「温暖化は人類にとって有益であり、よりよい生活、健康と幸福をもたらす」との考えを紹介している。今日すでに、温暖化の影響でドイツではブドウの品質がずっと向上し、ワインの品質向上につながっているとの報告がある。これなどは温暖化の利点の一つであるが、なぜかこの種のニュース、「温暖化の利点」はめったに新聞紙上でみることはなく、逆に有害な点だけが喧伝される。なぜメディアでは温暖化の問題点ばかりが報道されるのだろうか。

　もちろんあらゆる地域が温暖化でよくなるということはない。降雨の少ない一部の乾燥地域では砂漠化が進むことがあるだろうし、ある地域では気温が高くなり過ぎて農耕が困難になるだろう。ある土地の植生はその土地の気候によって決められる。したがって、気候が変われば地球の環境地図は変化するが、生物は長い地球史の中でそれに適応して生きてきたのである。気候変化がその土地に住む人間にとって有益かどうかで気候変化の利害を考えることは人間のエゴイズムと言えるだろう。

寒冷化によるダメージ軽減の準備

　遠くない将来には確実に来る寒冷化に対して、我々はただ手を拱いて待っているだけでよいのだろうか。私は現在の科学と技術で寒冷化によるダメージ軽減に対する備えができると考えている。なぜなら、私たちは既に気候変動がどのようにして起こるか、ある程度わかっているからである。

　気候変化の最大の要因が宇宙線強度に支配される雲量変化であることがほぼ確かであることはすでに述べた。したがってこれからは、専門家は雲量のコントロール技術の開発に向けて努力すべきである。実際に人工衛星によって雲量を精密に測定する技術開発はすでに始まっており、また急速に進歩しつつある。

より多くの太陽エネルギーを地球にもたらすための技術も重要である。地球と月の重力中間点に人工衛星を打ち上げ、巨大なパネルを広げて太陽エネルギーをとらえ、そのエネルギーを地球にレーザーで送るような方法もあるであろう。地上でこのエネルギーを受ける基地は危険性の少ない広い海洋の上にあることが望ましい。この基地から世界中にエネルギーが分配されるというわけだ。このような方法はすでに京都大学のグループをはじめ世界のさまざまなグループが研究を進めている。

　より直接的で効果的な方法は地球に届く太陽エネルギーそのものを大きくする方法である。これは小さいガラス玉のような小人工衛星を多数地球と月の重力中間点に打ち上げ、それらを集めて凹レンズとし、太陽光を集め、これをもう一つの変形させたレンズで地表に照射させて地球を暖めるというわけだ。この方法を実現するには世界の国が共同で資本を出しあい、協力してガラス玉を次々と打ち上げることが必要である。どの程度の大きさの、どれだけの数のガラス玉を打ち上げれば効果的なレンズをつくれるかは単純な科学技術的な問題であり、解決できる。これはある米国の研究グループのアイディアである。

　一方、雲量を減らす方法を考える方向もある。この方面の研究も進みつつあり、雲量をコントロールし、結果として気温変化をコントロールすることは不可能ではないと考えられるようになった。それはしかし、世界中の国々が協力し、資金、知識、技術や労力を出しあうならば不可能ではないという話である。地球温暖化の可能性ばかり考えて寒冷化の到来に注目しないことは人類の大きな過ちである。

　もし人類が過去の地球の歴史で絶滅した多くの生物種と同様に、自然環境の変化に適応できず、絶滅するしか道がないというのであれば、何も言うことはない。しかし、そんなことはないはずである。世界は地球温暖化を克服すべく知恵と技術を集めて努力をしつつある。それならば人類が地球寒冷化に対しても備えをすることはできるのであり、ぜひともそのための行動をするべきである。

第5章 気候変動・地球汚染と成長の限界

地球システムの全体像 – 分野横断型共同研究プロジェクトの成果

　先に述べたように、20世紀までの科学は細分化の方向に向かっていた。そのため、日本国内でも約2000の学会ができた。したがって、今日の科学者の中で、いろいろと複雑な事象について統一的な説明ができる科学者は大変に少なくなっている。細分化があらゆる科学に及んだため、過去数十年間の間の科学の大発見はすべて、細分化、専門化した分野でなく、いろいろな分野が結合した共同研究から生まれている。最近の科学の世界では、このように多分野の科学者が集まった共同研究から新しい大きな成果が生まれる場合が多い。

　以下に、最近の地球科学分野における革新的な発見が生まれた経緯をやや詳しく紹介しつつ、その成果として明らかにされた地球システムの全体像を解説する。1994年、私は他分野との共同研究からプルームテクトニクスという理論を創出した(Maruyama, 1994)。プルームテクトニクスは固体地球のすべての地質学的、地球物理学的過程の最も基本的な機構を統一的に説明できる理論となったのである。1992年、私は共同研究者らと愛知県の岡崎市で地球史についての国際会議を開催したが、その帰路に私は当時名古屋大学の深尾良夫教授を訪ねた。深尾教授は世界の地震学をリードする日本が誇る地震研究者である。彼の研究室の机の上には何枚もの地球の断面図(地震波トモグラフィーと呼ばれる図面で、いわゆる人体のCTス

キャンのようなもの）があった。これらの図を眺めているうちに、私には地球内部の、マントルの三次元構造がまざまざと浮かんできた。ちょうど当時、私は地球表層のすべての大陸について、その形成史を総括しつつあったので、深尾教授の地震波トモグラフィーがプレートテクトニクスのサブダクション（プレートの沈み込み）を、地表から地球内部のマントル深部まで示しており、さらにその沈み込みの機構と歴史までも物語っていることに気がついた。つまり、マントルの動きがプレートの動きを支配している事実が示され、その具体的な描像が得られたのである。この描像は従来の地球科学の常識であったプレートテクトニクスに大きな改変を迫るものだった。プレートテクトニクスでは、地表の地質学過程はすべて地表のプレートの動きに支配されているというものだったのである。

　プレートテクトニクスとは、地球表層は数十kmの厚さの堅いプレートに覆われており、全地球表面はこのプレート十数枚でほぼ覆われており、お互いに異なる水平運動をしている。この運動によって地球上の巨大な地質事件が支配されている、というものである。この理論は1970年代に確立し、世界中に広まり、地球科学の常識となり、地球科学はこの理論によって大きく、革新的な進歩を得たのである。この理論によって、造山運動、地震活動、火山活動はもとより、生命の進化も含めた統一的な理解がかなりの程度得られるようになってきたのである。

　しかしながら、プレートテクトニクスは地球表層のせいぜい100km深までの現象を説明しているだけであり、したがって6400kmに及ぶ地球半径の64分の1をカバーしているに過ぎない。1970年代にプレートテクトニクスが提唱された時代には、人類は地球深部を覗く手段をもっていなかった。しかし、深尾研究室で見た地震波トモグラフィーはそれを実現していたのである。つまり、プレートテクトニクスで動く地球表層の下がどうなっているのかを研究する手段となったのである。深尾研究室の地震波トモグラフィーには、上昇している巨大なマントルプルーム（スーパープルーム）が地震波低速度物質の帯（ホットチャネル）としてマントル下部から上部に向かって動いている様相が示されていた。そして沈み込んだプレー

トの残片が高速度物質帯(低温層)として地表付近からマントル深部まで沈みつつあるのを見せてくれたのである。その後さらに地球深部の物質や現象を再現するような高圧実験などの解析によって、コアとマントル深部の運動像や、各層構造の運動の時間スケールも明らかになった。現在におけるプルームテクトニクスの理解をまとめると以下のようになる。

固体地球深部には二つのスーパープルームがあり、地球深部から表層へ熱や軽元素を運んでいる。一方、唯一つの巨大コールドプルームが東アジア-西太平洋地域にあって、地表から地球深部へと沈み込んでおり、地表のすべての大陸を地下深部へ引きずりこもうとしている。マントル下部に到達したコールドプルームは外部コア(外核)を冷やして、液層コアの対流をうながし、結果として地磁気を形成する主要因として働いている。地磁気は地表の生命にとって重要な、安定的な環境保全に重要な役割を担っているのである。

まとめると、地球は中心の固体内部コア(内核)、液相の外部コア、プルームによる鉛直運動をしている下部マントル、水平運動をしている上部マントルと地殻で構成するプレート、地表の水圏、生物圏と大気圏、そしてこれらのすべてを貫く地磁気で成り立っている。これら全体が地球システムを構成し、それぞれが相対的な運動を行っている。地表システムの運動は深部システムの運動に比較して桁違いに早い。固体地球部分はスーパープルームエンジンをもっており、一方地表システムは太陽エネルギーで動いている。しかし、太陽エネルギーは大気圏に存在する雲によってフィルターされ、そのフィルター効果は宇宙線放射強度、地磁気や温室ガスの種類と量によって支配されている。

プルームテクトニクスは、プレートテクトニクスではわからなかった超大陸の形成と分裂の機構を明らかにした。これにより、超大陸の形成と分裂に影響される生物の大量絶滅についてもより深い理解が得られ、効果的に研究されるようになった。プルームテクトニクスのおかげで、それまで地表付近の現象や機構だけしか説明できなかったプレートテクトニクスに代わって、地球深部のコアから地表までの全地球システムの運動を説明で

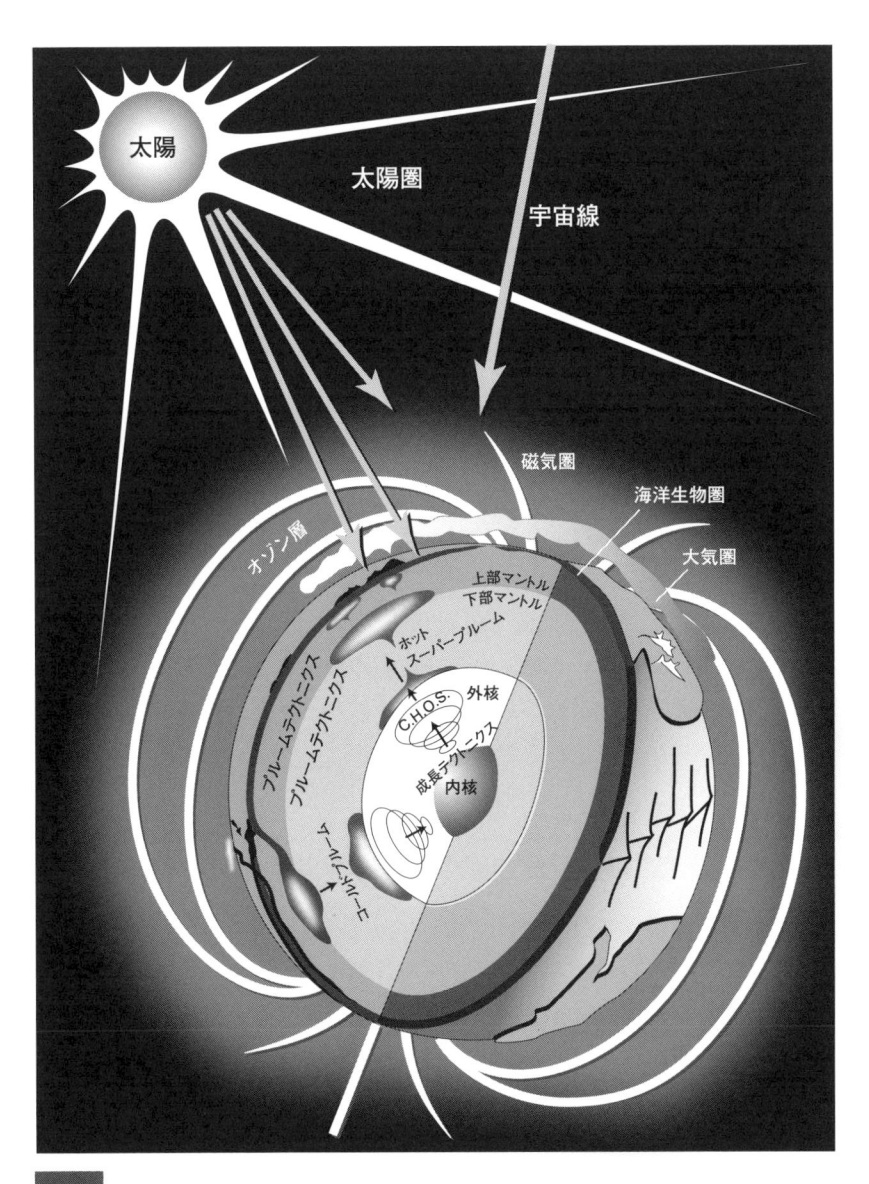

第 5 章　気候変動・地球汚染と成長の限界　　97

| 図32 | 全地球システムの概念図 |

水圏と生物圏を含む地球気圏は地球外部エネルギーと内部エネルギーの両方に影響されることがわかる。

きるようになった。つまり、地表だけでなく、地球全体を深部から表面まで説明する新しい地球科学が生まれたのである。**図32**にこのプルームテクトニクスを含む全地球システムの概念図を示した。

　私は深尾研究室で地震波トモグラフィーをみて新しい地球科学理論の誕生を予感したときの、体中を貫く感激を忘れることができない。

　プルームテクトニクスの誕生はもちろん、地球内部を覗ける新しい技術の誕生があってこそである。しかし同時にそれは、地質学と地震学の共同作業でもあった。もし私が地質学者とだけ話していたならば、この結果にたどりつくことは不可能だったに違いない。この新しい地球観は、私が深尾教授を訪れたことから始まった。私が最初にこの新しい理論を発表したときには、境界領域だとか専門外ではないかなどの批判があった。しかし、私はそんなことは意に介さなかった。このような新しい発見は専門の境界を飛び越えてこそ得られると信じていたからである。私たち研究者は専門領域にこだわらず、他領域の研究成果にも目を配ってゆく必要がある。それによって新しい発見に出会う可能性が高まるであろう。まったく違う二つ以上の領域の研究があるとき一つに合わさり、新しい発見に結びつくことは大いに期待されることなのである。

気候変動研究には多分野の専門家の有機的協力が必須

　地球温暖化現象は気象学の領域だと言われることが多い。しかし、宇宙物理学、天文学、海洋学、古気候学、地質学などのいろいろな科学分野を包含した多分野共同研究によってこそ、より自然と真実に近い、動的な気候変動の姿が解明でき、新しい発見が得られる。上に述べたプルームテクトニクス誕生と同様に、離れた領域の研究が一つに融合することによって新しい理論が発見されるのである。

　地球表層に至るエネルギーのほとんどすべては太陽からのものである。では太陽の内部では何が起こっているのだろうか。それは核融合反応である。東京工業大学では数人の研究者が太陽エネルギーを研究しており、そ

れは核物理学の研究である。

　核融合によって生み出される太陽エネルギーは絶えることなく地球に到達しているが、そのエネルギー量は一定ではない。先に述べたように、太陽黒点が多いほど、地球に向けて送られる太陽エネルギーは大きくなる。ではなぜそのような関係になっているのか。第3章で述べたように、太陽黒点は太陽表面の穴をふさぐ蓋が吹っ飛んでできる。その穴から膨大なエネルギーが放出され、地球に到達する。かくして黒点が多いときは地球に到達する太陽エネルギーは大きくなるというわけだ。

　東京工業大学には太陽黒点を人工衛星によって研究している研究者もいる。このような人工衛星による太陽黒点の研究は、この20年ほどの間に可能になってきた。黒点数の観測は昔から行われてきたが、それもたかだか400年の歴史しかない。それ以前の太陽の歴史についての研究には地質学が必要になる。

　宇宙線の研究も最近大きく進歩した。最近の観測では、新星の誕生とか、ブラックホール誕生に伴う大爆発などのときに非常に多量の宇宙線が放出される。宇宙線には遅いものと速いものがあり、速い宇宙線があとから放射されると、先に出た遅い宇宙線にぶつかることがある。このようなときにはさらにまた新しい宇宙線が生まれる。宇宙線はこのようにして加速度的に増加することがあり、すると多量の荷電粒子が宇宙に拡散することになる。

　最近まで、地質学、物理学、天文学などの各分野の科学者たちはそれぞれの分野の中でのみそれぞれの研究目的をもって研究をしていた。しかし東京工業大学の理学流動機構では、私たちは多方面の専門家を集めた共同研究を実施している。第3章でも述べたが同機構の中で我々は「21世紀の気候変動予測」研究プロジェクトを立ち上げた。このプロジェクトは、多方面の分野の知識、技術とアイディアを集めて気候変動についての新しい理論をつくろうとしている。

　東京工業大学では多分野協力の研究を行う指向性をもっており、理学流動機構も以前から存在していた。しかし、発足当初のこの機構には基本的

に重要で明確な目的をもった研究主題がなかった。しかし最近になって、気候変動研究が機構にとって最適の研究課題であるということに気がついた。なぜならば気候変動研究は大変に複雑な問題であり、多分野協力研究でのみ解決可能な問題だからだ。そしてこの問題は社会に対する影響が大きく、また、近い将来に画期的な理論を打ち出せる可能性が高いと判断されたからである。地球が温暖化でなく寒冷化に向かい、その最初のピークは2035年であり、地球温暖化は少なくとも将来100年間はありえないという予測はこのプロジェクトの最初の成果である。

東京工業大学にはもちろん、炭酸ガスの固定技術を研究する研究者もいる。大学の主流は地球温暖化やそれに対する炭酸ガスの主要な役割の研究である。しかし、その主流以外にも、我々のような学際共同研究チームも活動しているのである。

ヒートアイランド現象とその対策

ヒートアイランド現象は、人々が地球温暖化に対して敏感になっている原因の一つであろう。今日多くの都市に普通にみられるヒートアイランド現象は、本来これとまったく無関係である地球温暖化とともに語られることが多い。

しかしいずれにしてもすでに人口の半数が住み、さらに増え続ける都市人口を考えれば、我々はこのヒートアイランド現象の研究とその対策も行わねばならないだろう。

第2次世界大戦の後、日本は農業国から工業国に転換した。これに伴って現在の日本の人口分布は都市に8割、田舎に2割となり、戦前と逆の比率になっている。このような都市集中の傾向は世界中で進行している。現在世界の人々はほぼ半数が都市に、半数が田舎に住んでいるという状況になっており、都市集中の傾向はさらに進行中である。現在世界には人口1000万人を超える大都市は20ほどあり、とりわけこれらの大都市では東京と同様にヒートアイランド現象が起こっている。

ヒートアイランド現象は以下のシステムで発生している。
（1） 大都市はエネルギー使用量が大きく、その排気熱が生じるのは当然である。
（2） 動物は存在するだけで熱を発生する。寒いときに野生動物、例えば猿などはお互いに身を寄せ合っている。日本でも昔は寒いときには子供たちが"押しくらまんじゅう"をすることがあった。町に大勢の人間がいるというだけで熱を発生している。
（3） 水に比べて石は比熱が小さく、暖められやすい。都市域は多量のコンクリートやアスファルトで固められているが、これらの物質は暖められやすい。都市でも道路が舗装されずに地面が露出していればそれほど熱くはならないのである。土の粒つぶの間には水分子があり、熱いときはそれが蒸発して温度を下げる働きをするからである。

　我々は東京で夏の気温を下げるために道路に散水実験をしたことがある。残念なことにこの散水効果は短時間しかなく、諺どおり"焼け石に水"で何の役にも立たなかった。
（4） 都市には緑地が少ない。植物は太陽エネルギーを光合成に利用するので、植物の葉は高温にならない。だが石を緑に塗るだけでは、石は光合成をしないので、高温対策にはならないのである。植物はまた炭酸ガスを吸収し、酸素を放出する。最近の都市ではビルの屋上などに植物を植えているところがよくみられるようになった。この方法は幾分かの効果はあり、少なくともやらないよりはましと言える。
（5） 都市にビルが増えることは明らかにネガティブな効果をもっている。最近の東京では200 mより高いビルがどんどん増加しているが、高いビルは太陽光を多く、長く浴びて都市の熱源となる。さらに、高いビルは都市の通風を妨げ、都市に熱が蓄積されるという効果をもたらしている。
（6） 車の排気ガスなどの影響で、大都市の中心部では炭酸ガス濃度がかなり高くなっている。この炭酸ガスによる温室効果は多少とも都市のヒートアイランド現象に寄与している。東京の都心部の炭酸ガス濃

度は400ppmに達している。これは世界平均の380ppmよりかなり高い。

　上記に加えて、東京ではさらに特別なヒートアイランド現象に関係するシステムをもっており、また、それが助長されている。東京はお椀状をした地形の特徴をもっている。お椀の底は東京湾の海水が満たしている。東京湾の南は浦賀水道で、これがお椀構造に亀裂をつくっている。このような東京のお椀構造は特に、その底部分に熱をため込む効果をもっている。この底部には東京湾の海水があり、東京の住民にとって救いとなっている。この大量の水は熱の調整役を演じており、東京の住民が極端な高温にさらされることから救っている。東京都はしかし、最近150年間でこの貴重な東京湾をすでに3分の1まで埋め立ててしまっている。
　ところで、東京の市街域は日中暖められる。とりわけ最近の多量のコンクリートビルとアスファルト道路の蔓延はこれをさらに助長している。市街地で暖められた空気は上昇し、それを補うように東京湾の冷気が吹き込んで市街地を冷やす。昔はこれがすばらしい自然の冷却装置だった。しかし東京では汐留、品川、お台場などなど、東京市街地と東京湾の境界地域に巨大なビルが次々と建設され、東京湾から市街地への冷気の流入を妨げているのである。これは都市計画の欠如を如実に示している。
　東京の都市計画の欠如がヒートアイランド現象を助長しているわけである。東京湾はさらに埋め立てられ、高いビルがそこに建て続けられる。それにつれて都市の中心部はさらに暖められ、人々はエアコンを使わざるをえなくなり、それ自体がまた排気熱を出して都市をさらに加熱することになる。
　かくして東京都心の平均気温は過去100年間に3℃も上昇した。世界の平均的な気温上昇は0.7℃である。そして真夏日は40日に及ぶ状況になっている。明治時代には真夏日は数日しかなかったのだ。東京都も日本政府もポリシーをもたないために東京は年々住みづらくなっていくのである。

ここまでみてきてわかるように、ヒートアイランド現象はさまざまな要因によって発生している現象である。つぎにこのヒートアイランド現象の対策を考えてみる。水をまいたり、屋上に植生をつくったりすることは大きな効果は得られないにしても一時しのぎにはなり、やらないよりはましであろう。しかし長期的にはもっと効果的な方法を考えねばならない。まず最初にアスファルトとコンクリートについて考えてみよう。
　アスファルト道路は真夏には60℃近くまで熱せられる。人間は背が高いのでなんとかがまんできている。しかし体高の低い犬や猫にとってはとてつもない過酷な暑さである。もし読者が真夏の昼日中に暑いアスファルト道路を四つんばいで歩いて行かなければならないとしたらどうだろう。男女を問わず、あるいは若者であろうと子供だろうとたちまち熱射病になってしまうだろう。ヒートアイランド現象の解消にはまずアスファルト道路をどうするかである。都市のアスファルト道路をすべて土の道に戻すことは不可能だし、いろいろと不都合もあるが、解決策はある。それはアスファルトをもっと水を含んだ類似の物質に変えることである。この候補となる材料はすでに開発されており、この物質の技術開発援助に政府が予算をつければ社会で実用化することも不可能ではないであろう。実用化されれば、道路のアスファルトはすべてこの新物質に変えられる。もちろん、アスファルトだけではない。ビルの素材や、高さや場所に対する規制は一刻も早くなされなければならない。
　ヒートアイランド現象はロンドンでも著しい。しかしここではヒートアイランド対策は東京よりずっと進んでいる。さらにロンドンでは効果的なエネルギー対策も進んでおり、台所の生ごみを利用した小規模発電プラントを、人口10万人単位ごとに設けるプロジェクトが進行しているのである。生ごみは燃やすだけでなく、醗酵で得られるメタンガスは発電に利用されている。東京では電気は新潟や福島など、数百キロの遠方で生産されたものが東京まで運ばれているので、大変に効率が悪く、この場合にはだいたい10％ほどの運搬ロスを伴っている。こんな非効率なやりかたを止めて、東京の中で電力をつくることも可能である。市内の発電所の排気

熱は家庭に供給する温水をつくることに利用する。雨水の利用は現在ではまだ非常に限られているが、雨水をビルの地下に貯蔵してエアーコンディショニングシステムに利用することは可能である。洞窟は夏も涼しいことはよく知られているが、ビルの地下にこのような洞窟のような施設をつくり、水、空気やさらには熱も一緒にそこに閉じ込めるのだ。地下の水や空気は必要に応じてビル内に循環させ、年間を通じてビル内の温度をほぼ一定に保つというやりかたである。

　私は、上記のようなロンドン市のやりかたは、大きく見ればヒートアイランド現象の解消に通じると思っている。完全に持続可能とは行かないであろうが、現在よりももっと効率のよい都市、きれいで汚染のない、そしてエネルギーと廃棄物の少ない都市にすることは可能なのである。そのような方向をにらんだ都市計画が必要なのである。

恐ろしい水と空気の汚染

　すでに何度も強調したように、人類はいま、地球温暖化でなく、地球寒冷化への対策を急がねばならない。しかし人類生存のための環境問題で、もう一つの緊急で深刻な問題は地球の水と空気の汚染である。温暖化と化学物質による汚染は別問題である。温暖化によって生物多様性が減少することはなく、むしろ増大することはすでに第4章で述べた(84、90〜91頁)。それでは化学物質による環境汚染に注目してみよう。これも実は生物多様性を増大するのであるが、それは温暖化による場合と違って、異常な方向への多様性かもしれない。人類はいま、地球の自然界に存在しない新物質を毎年6000種類のペースでつくりだしている。元素の数は110あり、そのうち三、四個、あるいは数十個など110の元素の組み合わせによってつくられる新物質の数は理論的には無限に近い数にのぼる。現在新物質は多くの研究所や会社で競争のように次々とつくられている。これは新物質がビジネスと直結している、つまりお金になるからである。例えば、もし十分に強く軽い新物質ができてそれで航空機をつくれるというこ

とになれば、機体は軽くなって燃費が改善し、運航経費が小さくてすむことになる。

　新物質をつくろうとする人は次々と増え、したがって地球上に新物質が溢れるようになるわけだ。先進国はみなこのように新物質をつくる努力を継続的に払っており、関係の研究分野の進展に力を注いでいる。新物質は将来の国の収入に大きく影響するので、多くの研究機関では日夜を問わず新物質を生みだす努力をしているというわけである。

　これらの新物質は地球46億年の歴史上まったく初めての物質であり、それが日ましに増えているということの重大性を我々は直視しなければならない。水は非常に多くの種類の物質を溶かすことができるので、これらの新物質の多くも水に溶ける。では、これらが私たちの水源池に入り込んだならばいったいどうなるのだろうか。

　1 cm^{3}の土には世界の人口と同数の細菌が生きている。つまり、60億の細菌が上記のような小さな土くれの中にいるのである。我々の体内も同じである。我々の体内には400種以上の細菌が生きている。個体数でいえば6兆個体もいるのである。この中には我々の体の外では生きていけないものや、メタンを発生するものなどもいるのである。我々が口の中で食物を噛むと粉々になって胃に送られるが、そこから小腸までの間に、食物片は体内のいろいろな細菌の共同作業によって分子レベルの大きさにまで微細化され、血液中に送り込まれるようになる。人間は多生物が共生している複合生物のようなものであり、我々一人ひとりはいわば家長であり、あるいは会社の社長なのである。「私は一人で寂しい」という人がいるが、実はこのように、人間すべての一人ひとりが生物の大集団を抱えているのである。

　したがって、細菌に新物質が取り込まれると、それは細菌を介して人間の体内に入り込み、濃縮される。結果として、細菌が変化するにつれて人間も変化して行かざるをえない。

　化学汚染は人間に対して重大な影響を及ぼすに違いないが、上記のような新物質が人間の水環境に流入した結果、どのような影響が現れるかは誰

にもわかっていない。水と空気は生物が体内に取り入れる物質中で最大の量を占めている。一般に、化学汚染は微生物にまったく新しい化学的変化をもたらし、進化あるいは変異といってもよいが、それを促進する。6億年前に起こった人間につながる大型生物の出現は、当時の海水組成の劇的な変化に対応している（90頁、130頁、134頁）。リンによる海洋汚染は脊椎動物の発生をもたらした。もし我々が毎日摂取する水が新物質で汚染されれば、人類も変化せざるをえないであろう。人類はいまやまったく新しい実験をしているようなものである。新物質の開発についての規制はほとんどなきに等しい。新物質の開発は国の浮沈に直結するので、その規制は経済的に大変に微妙な問題となるからである。しかし、人類が日夜つくりだしている新物質が地球の生物圏と生命に大きな影響をもたらすことは明らかである。

　ここでちょっと恐ろしい話を紹介する。ダイオキシンの毒性が広く知られだした頃、それを集めて地下に埋められたことがあった。その後科学者がそこを掘ってみたところ、まったく新しい妙な微生物がひしめいていたという。この新微生物はダイオキシンを食べて次々と増殖したというわけだ。エイズや鳥インフルエンザでもそうだが、微生物の世界では新しい種が次々と生まれるし、世代交代は非常に早い。

　実は人間でも似たようなことがある。例えば、日本人はもともと菜食主体で、胴長短足だった。これは植物の消化には長い腸が必要で、その長い腸の入れ物として長い胴が必要だった。しかし今日、日本人の食生活は欧米に近づき、足の長い人が多くなってきた。これは肉がエネルギー源としてずっと効率的なことを反映している。日本人は肉を多く食べるようになり、そのため体型が変わり、太り過ぎの人も多くなった。人の体型は長い時間をかけて変化する。しかし、細胞レベルではすべて3ヶ月単位で交代しているのだ。私たちの骨まで、そのすべての組織が3ヶ月のうちに変わってしまう。食生活の変化はその人の骨の細胞まで変えてしまう。これはすべての生物に起こることであり、それゆえにこそ生物多様性ができるわけだ。

シベリアで生まれた狼は1万年ほど前から人間に飼いならされ、現在では手のひらで飛び跳ねる小さなチワワ犬から、羊のように大きなセントバーナード犬まで数千種におよぶくらい多様化している。植物の例でみると、人工交配によって蘭には数万の種類ができている。

　もとより、このような変化は一瞬で起こるわけではない。しかし、わずか1万年ほどの間に人間によってつくられてしまうわけだ。人間中心で、我々人類は新物質をつくり続けてきて、それは間違いなく生物界に新種の誕生をうながし、生物進化に影響を与えてきている。環境変化は生物ピラミッドの基盤の微生物にまず大きな影響を与え、その影響は次第にピラミッドの上位へと伝わっていく。今から数万年後にいったいどんな種類の生物が発生しているか想像できないが、間違いなくいろいろな新しい生物種が生きる世界になっているであろう。次々と新物質をつくって社会に送りだしている科学者たちの中に、この恐ろしさに気がついている人はほとんどいないだろう。すでに専門分化してしまった現在の多くの科学者たちには、この問題の深刻さ、恐ろしさに思い至らず、また理解できないのである。

　これまで述べてきたように、現在人類は毎年6000種類もの新物質をつくりだしており、地球の水環境を大きく変化させつつある。科学技術の成果として新しい化学環境をつくりだし、微生物界に大きな変化をもたらしつつあるというわけだ。これが我々の科学の最前線なのである。この最前線が地球環境にいったいどんな変化をもたらすのだろうか。われわれはこのような人類社会の巨大実験にすでに突入しているわけで、この結果はお楽しみといいたいところだが、なにはともあれ、恐怖の結果とならないことを祈るしかないだろう。

「成長の限界」——人口爆発と資源枯渇の危機

　地球がその自然環境で養える人口は、だいたい30〜40億人だろうと考えられているが、現在はすでにその倍になっている。地球の自然のキャ

パシティーを超えることができたのは地球資源、とりわけ石油の利用によっている。しかしそればかりではない。人類は森林を切り開いて牧草地に変え、牧畜を営んできた。家畜の総数は2006年現在、牛＋水牛で約16億頭、羊が約11億頭、豚が約10億頭、ヤギが約8億頭、合計45億頭もいる(世界国勢図会，2008/09)。これは、人類の総人口の2/3にのぼる。これだけ大量の大型動物を養う広大な牧草地を確保するためには広大な森林の木々を伐採する必要があり、その結果、霊長類をはじめ、大型動物の多くが、とくに産業革命以降に絶滅してきた。現在、絶滅危惧種に指定されている動植物の割合は、哺乳類の21％、鳥類の12％、両生類の30％、昆虫類の50％、爬虫類の31％、魚類の37％、さらに顕花植物の73％に達している。絶滅速度は産業革命以前に比べて100〜1000倍に達している。英国の生態学者、ノーマン・マイヤーズは、現在地球上で1年間に4万種が絶滅していると指摘している。

　人間の数のあまりにも異常な急増の裏側で、動物や植物の世界で、これだけの異常な変化が進んでいる。異常に短い時間の中で、このような大変化が起きると、それは我々が実感できない微生物の生態系でも類似の大変化が起きているはずである。人口の急増が出発原因になって起きた、こういう厳しい地球環境問題こそが、人類の未来にとってははるかに重要な問題なのだ。

　人類の"快進撃"が始まったのは産業革命にまでさかのぼるが、それを支えたのは地球の資源であり、それは46億年かけて地球が蓄えた貯金である。近代科学の発展によって、地下深部に眠る資源を採掘することが可能となり、それを加工して近代文明が発展した。産業革命が起きると、都市に人間が集まり、歴史上初めて会社が誕生し、社員は月給をもらう時代になった。都会に会社ができると、農村から多数の人間が移住し、快適な都市生活が生まれた。地球の貯金は人類史上見たこともない、便利で、美しく、したがって貨幣価値の高い工業製品を次々と生みだしていった。都会の消費は農村もまた豊かにしていった。都会は大量の食糧を必要としたからである。近代科学の発展は肥料を生みだし、食糧の増産は人口の爆発

的増加の原因となった。

　こうして、18世紀に始まった産業革命は人類の黄金時代をつくった。当時の世界人口はまだ約8億人であったが、20世紀の入り口である1900年には17億人に達した。人口の爆発的増加は産業革命を起こした地域から始まった。それは英国を中心とした西ヨーロッパから始まったが、産業革命が世界各地へ広がってゆくにつれ、人口爆発もまたそれにつれて広がっていった。200年かけて世界人口は2倍になったが、その人口がその2倍の34億人になったのは1970年で、要した時間は70年しかかからなかった。1970年にマサチューセッツ工科大学のメドウスを中心にした研

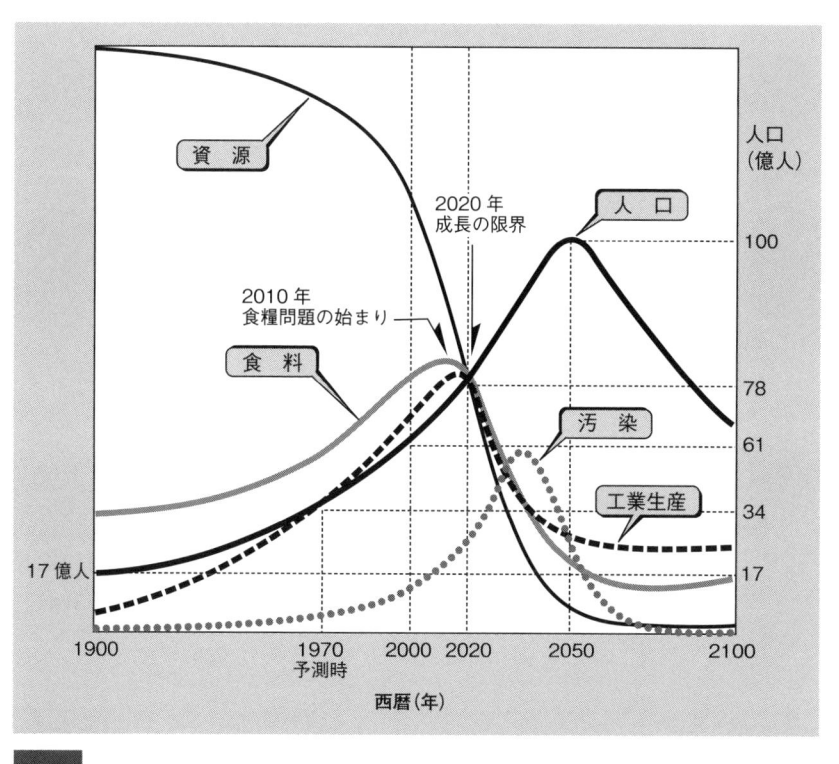

図33 過去と未来100年間(西暦1900年から2100年)の人口と資源の増減予測

(Meadows et al., 1972 を改変)

究者グループ(ローマクラブ)は、指数関数的に増加してきた世界人口の将来を予測し、それを可能にしうる食糧の増産可能性を計算で推測した。その結果は、世界人口が70億人になるまで、つまり西暦1900年の時点の4倍が限度で、その頃(西暦2010年頃)から、食糧生産の限界に近づくだろうと推測した(Meadows et al., 1972)。それは耕地面積の無限の拡大と、単位面積あたりの食糧生産性の増加は化学肥料で賄える限界に達すると考えたからである。このような指数関数的発展を可能にしたのは資源の指数関数的消費である。

　資源の中でもとりわけ重要なのは石油である(47頁、図12)。石油の埋蔵量は、西暦2020年頃には半減し、一方、指数関数的に世界人口が増加すると、西暦2050年までに人口は100億人に達する一方で、石油埋蔵量は1/4にまで減少し、食糧の欠乏は深刻化し、21世紀の後半の50年には、毎年8000万人のペースで人口の減少が起きるだろうという予測である(図33)。

　さて、ローマクラブの研究の発表から40年近くが経過した。ローマクラブの予測を検証してみよう。モデルにとって最も重要な、世界人口の予測曲線は、2009年現在、約68億人に達しており、これはローマクラブの予測とほぼ完全に一致している。西暦1600年頃までさかのぼってみると、世界人口の変化は、ほぼ指数関数的な変化をたどっているのである。そしてまた、資源の消費もまた指数関数的な曲線をたどっている。一方、資源の埋蔵量の推定についてはどうだろう。例として石油を取り上げよう。石油の残量はローマクラブの推定と大きく違ってはいない[※]。一方で石炭や、原子力発電のためのウラン鉱床、鉄鉱床、レアメタルなどの資源については、1972年当時の推定量よりも多く消費していることが判明している。

[※](訳者注)近年シェールオイルやメタンハイドレートが脚光をあびている。いずれも埋蔵量は現在の石油のそれに匹敵する可能性が高い。しかし、採掘(抽出)技術、採算性や環境汚染の問題があり、石油ほどには活用できないであろう。しかしながら図33の資源の減少曲線がかなりゆるやかなものになることは間違いないであろう。

ここで、最も重要なポイントを整理しておこう。パリ大学のアレグレ教授が指摘しているように、自然界にはおよそ指数関数的曲線をたどる変化はない。これは正しい。ローマクラブ(1972)の主張点は、まさにそこにあり、それがその本のタイトル『成長の限界』の概念である。世界人口の指数関数的増加は永遠に続くことなどありえないのである。必ずカタストロフ的に急激に減少するような事変が人類の未来に待ち構えている。食糧生産が指数関数的に永遠に増加することなどありえない。これも当然である。

　人類にとって21世紀は人類史の中でも特異な時代である。人口の爆発的な増加を停止させ、資源の枯渇を乗り越える技術を生みだし、安全で安心できる、安定した社会、『持続可能社会』をつくりだす必要に迫られているのである。

第6章 未来に向けて人類の叡智を！

日本の貧しい哲学と科学

　人間は、知的生命体がもつ本能として、「世界とは、自分とはなんなのか」という問に対する答えを探し求めてきた。かつて、ヨーロッパでは、「月は、夜道を歩くのに困るだろうと、神様がつくってくださったものだ」と信じられていた。現代に生きる私たちが、その説を笑うのは簡単であろう。しかし、そこにこそ科学の基本的なテーマがあると私は思っている。

　科学の目的は、自分のまわりの現象すべてを説明することである。それは、自分はどうして存在しているのか、これからどうなるのかということを説明することである。その欲求に対して、科学が進歩していなかった時代には宗教がその問題に答えた。「聖書」は言ってみれば、そのすべてに答えきった書物とも言えるだろう。宗教と科学、一見相反する存在かもしれないが、人々の知りたい欲求に答えたという意味では同じである。

　近年、科学は急速に発展し、宗教に比べてずっと合理的に人間の歴史、生物の歴史、自然や宇宙の成り立ちを説明できるようになった。しかし、本質において両者に違いはないであろう。宇宙、自然や人間の存在をより合理的に説明しようとする意味においては、人間の同じ種類の精神活動なのである。

　西洋の教育にあって、日本の教育になかったものは「哲学」である。日本にも「倫理社会」があるではないかという人もいるかもしれないが、別物と

いっていい。西洋哲学は「人間がどう生きるか」というテーマ以上に、物事を論理的に、合理的にみることを学ぶ教科である。「ある」ということと「ない」ということの違いはなんなのか？「ある」ことは証明できるが、「ない」ことを証明するのは不可能である、というような論理構造をとことん学ぶのである。

　そもそも、近代日本は「科学」を勘違いして取り入れてしまったのだった。江戸末期、長州藩がイギリスを始め4ヶ国の艦隊にこっぱみじんに打ち負かされたとき、次々と弾を撃ち込んでくる大砲をみて、これはとても火縄銃などではかなわない、これこそが「科学」だと勘違いして、その概念を取り入れてしまったのだろう。つまり、「技術＝Technology」を「科学＝Science」だと誤解して取り入れてしまったのである。欧米では、科学は技術を生む母胎であるという認識なのだが、日本ではそれがまったく違ったものになった。

　例えば「科学技術庁」(現文部科学省)という名称はおかしい。科学が形容詞のようになってしまっている。Scientific Technologyという名称はありえない。科学技術庁の役人も英訳するとき非常に困ると話していた。苦肉の策として、外国人に話すときは、「Science and Technology」というように、andでつないでいた。これは日本が「科学」を誤解し、また軽んじているのがわかるエピソードであろう。「技術」は役に立つ＝お金が儲かるから大事、という認識なのだ。今でも科学技術政策や科学技術振興費という言葉があるが、日本の科学政策というのはずっとこんなものだったのである。

　明治時代、欧米列強に追いつき追い越せで、余裕がなかったときは仕方がなかったかもしれない。設立当時の東京大学には、非雇用者も入れれば約1万人もの外国人が出入りしていたそうだ。しかし一方で、海外に留学させた優秀な日本人学生たちが帰国し始めるときには、これらの外国人の多くを解雇した。このような付け焼刃的に始まったのが日本の近代教育だった。ヨーロッパの大学にはなかった、技術中心の「工学部」を最初から東大に設けたのも、科学と技術を混同していた証拠といえるであろう。

その後日本が工業化に大成功しても、戦後民主主義になっても、科学については誤解したままできてしまったようである。そもそも学校教育で使われている「理科」という教科名もおかしい。科学の「科」という文字は、「しな＝品」と呼ぶくらいだから、あらゆる分野を含む学問なのだが、それが、現在の「理科」のような狭い意味の言葉になってしまっているのである。

　こんな状態だから、日本では多くの人たちがいとも簡単に「二酸化炭素犯人説」を信じてしまうのである。もちろん、情報が足りない、偏っているということは言える。それにしても、小学校で習った基本的な理科の知識があれば、疑ってみることぐらいはできるはずなのである。日本の教育における哲学の欠如、科学教育の貧困さを如実に反映しているのではないだろうか。

　私は、人間は本来バランスのよいどっしりとした樹木のような存在であるべきだと思っている。真ん中に幹としての哲学があって、木の下半分に自然科学があって、上半分に人文科学があって、枝と葉がものすごい勢いで伸びていくのである。ところが、現代では要素還元主義がはびこっており、「君はこの枝だけでいい」というふうに、部分的にしか学ばせず、他の枝を切ってしまっているのである。言ってみれば、ある部分だけを残されて大きくならないようにした盆栽のようなものになってしまっている。

　大学だけでなく、中学、高校でも「受験に必要ないから」というだけで特定の教科が軽んじられる傾向がある。文系、理系に早過ぎる時期から分けることも、私は問題だと思っている。基礎的なバランスのよい学問ではなく、偏ってしまっているから、「常識」を疑うことができない人間になってしまう。ヨーロッパの伝統的な教養教育においては、文法、修辞学、弁証法、代数、幾何学、音楽、そして天文学という基本となる7科目を学んだそうである。この世の成り立ちを知る、そして論理的に考えるには、最小限必要な学問とされていたのである。現在の日本の学校教育では、自分たちが住んでいる地球の成り立ちを学ぶという、非常に総合的で基本的な学問である「地学」が軽んじられ、地学の教師がいない学校も珍しくない状

態になってしまっている。哲学をもたない日本の教育関係者や文部官僚たちの浅薄な思考を反映しているのである。

　残念ながら、これが非常に貧しい日本の科学教育の歴史と現状なのである。このような日本の貧しい哲学、科学教育は、いろいろな場面での日本社会における哲学の欠如や科学の軽視をもたらしていると思われる。後述するが、日本の国としての戦略の欠如は哲学の欠如からきており、その結果はいろいろな重要な場面での日本政府の一貫した政策の欠如をもたらしている。また、政府や企業の政策決定における御用学者の活用は、施政者の貧しい科学素養を反映しており、そのつけは、例えば2011年3月の福島原発事故に典型的にみることができるのである。

戦略に乏しい日本

　明治初期にあたる1870年の日本の人口は3500万人だった。しかしこの人口はその後、欧州で始まっていた産業革命が日本に導入された結果、急速に増加した。1912年の明治の終わりには人口は5000万人に達していた。第2次世界大戦の前(1941年より以前)、急激に増加する人口に対する食糧供給が不足し始め、日本は海外に土地を求め、結果として欧米と戦争となり、敗戦によって大きなダメージを蒙った。戦後の日本は工業化によって再生し、自動車などの工業製品を輸出し、外国から食糧を輸入する国家に変貌した。

　日本はこのように工業化によって裕福な国となり、人口は1億人を超えるに至った。この発展の間、日本の安全は米国の武力によって守られていたため、日本は戦費を費やさずにすみ、儲けたお金はさらなる工業発展に利用できた。世界中の国とりわけ欧米諸国は、日本はうまく立ち回って大きく儲けたので、現状で十分に満足すべきだとみているに違いない。日本は諸外国から成り上がりものとみられているだろう。そんなことから、成り上がりものの日本に対する圧力が増大する。地球温暖化対策として各国に割り当てられた炭酸ガス削減量はまさにその現れである。欧州連合

(EU)や日本などの先進諸国は工業活動を縮小することが求められる一方、発展途上国にはそのような縮小はまったく求められない。たしかにこれも一つの論理ではある。

そしてこの割り当て量だが、第2章の京都議定書問題で述べたように(41頁)、EUは多量の炭酸ガスを放出してきた東欧諸国を統合したばかりであり、東欧諸国のエネルギー効率を西側並みに引き上げることで、1990年比8％削減という目標値の達成は容易なはずである。そもそも1990年比というのはその点を考慮したに違いない。米国は炭酸ガス削減は重要であるとしながらも、数値目標の設定は受け入れなかった。カナダは議定書から脱退し、インドと中国は加入しなかった。

諸外国は上記のように、それぞれの国益を基本に考えて対応した。しかし、私のみる限り、日本だけがよい子ぶって議定書の数値目標達成に向けて努力しようとしているようである※。しかしこれでは日本国民の利益を考えていないようにみえる。単に外国に対していい顔を向けようとしているに過ぎないようだ。もとより日本は貿易国家であり、外国に顔向けしなくては貿易もうまくいかなくなることは確かである。しかし一方、日本は将来どうやって生き延びていくのか、戦略をもってやっていかねばならないことも確かである。日本は狭い国土で資源が乏しいから、国内に雇用の場をたくさんもたねば生きていけない。しかし現在国外に出てゆく企業が日を追って多くなっている。多くの諸外国には安い労働力があり、とりわけ発展途上国は労働力に加えて法人税率も低く、企業にとって魅力がある。日本の企業にとって、もはや日本で会社登記をする必要がなくなってきているのが現状である。ボーダーレスな国際化が進んでいる現在、企業は自分に有利な国を選んで登録するということになりつつあるのだ。このような危機的状況下でも日本政府は企業に対して環境税を導入しようとしている。そして京都議定書の6％炭酸ガス排出削減を大目標としているのだ。実は2008年現在の日本の炭酸ガス排出量は1990年に比べて6.4％増

※(訳者注)しかしその後 2011年11月のCOP 17(ダーバン会議)で、民主党政権は京都議定書の継続に反対の意向を表明した。これはある意味で評価されることである。

えているので、正確には12.4％の削減をせねばならないのである。

　日本政府は排出権取引制度（キャップ・アンド・トレード）の導入を検討すると発表したが、経団連などは反対している。排出権取引とは、政府が各企業に炭酸ガスの排出限度量を割り当て、排出量が割り当て量よりも少ない企業は、残りの炭酸ガス排出量を割り当て量をオーバーしてしまった企業に販売することができるというものだ。国際的にはこれは国と国の関係でも適用される。

　ここには市場力学が働くことになる。ゴア元副大統領らも、地球温暖化対策には市場資本主義が重要であると考えている。もちろん、会社が環境悪化への対策を講じ、あるいはそのための商品を開発することは必要であり、賞賛されることである。しかしこの排出権取引、とりわけ排出する権利を購入できるということは本当に環境にやさしいことだろうか？　私にはとてもそうは思えない。

　日本人は真面目だと言われる。しかし一度事態が決まると、真の目的を忘れて突っ走ってしまうことがありそうだ。例えばごみの分別、日本人は短期間のうちに熱心に取り組みだした。自治体によっては10種類以上の分別収集が行われているという具合なのである。

　実はある場合には、分別よりもそのまま燃やしてしまったほうがエネルギーが少なくてすむという意見もある。分別に要するエネルギー、収集配送の経費や労力のほうが大きいというわけだ。私に経験があるわけではないが、話に聞く戦争中の供出制度に似たところがあるのではないだろうか。第2次世界大戦の最中、日本人はあらゆる金属を供出せよということで、お寺の鐘や建物の釘、はてはタバコの銀紙まで集められたようだ。いったいこうして集められた"金属"の何パーセントが有効に利用されただろうか。たぶんほとんど利用されなかったにちがいない。

　"環境"が市場資本主義に取り入れられるようになったこの状況が今のペースで続くと、環境をうまくビジネスに取り込める会社以外の大部分の企業がつぶれていくことが目にみえている。外国からみれば、日本は"地球温暖化防止"の美名のもとに、戦後営々と蓄えてきた財産を激しく浪費

している。政府がちゃんと実際的な戦略をもたない限り、日本の経済は衰退してしまうだろう。

　日本と比較して米国は実践的である。米国は地球温暖化防止に基本的な賛意を表明する一方、どの程度削減できるかの数値目標を示すことに慎重な姿勢をとっている。これは国家の戦略なのだろう。米国では2009年、民主党のB.オバマ氏が大統領となり、政治権力をもった。彼は2009年は地球温暖化との戦争開始の年であると宣言し、米国はグリーン・ニューディール政策をとると約束した。彼の戦略は環境関連の新しい工業を創出し、石油依存状態からの脱出を目指し、新しいアイディアと商品によって米国の再生を図るというものだ。

　再々いうが、私は、日本の政治家、政府官僚やメディアは、日本の数10年～100年先を見据えた戦略を考えて行動してほしいと思う。日本の本当の意味での利益を考え、明日でなく100年先を見据えてほしいものである。

寒冷化と人口爆発が飢饉と戦争の危機を呼ぶ

　地球寒冷化の兆しはすでに現れはじめている。2007年の夏、中国北東部はここ50年来の冷夏に見舞われ、チベットでは50年ぶりの季節外れの大雪で多数のカモシカが死んだと伝えられた。メディアはあまり伝えないが、この年の冷夏は農業生産に深刻な打撃を与えたに違いない。さらに7000頭以上の家畜が死に、1億人以上の人々が深刻な打撃を受けたという。2008年には、チベット暴動が起こったことが世界のメディアで報じられた。これは中国政府のチベットに対する弾圧に抗議する政治的な暴動であり、とりわけ北京オリンピックに向けてアピールしたものだとの報道が一般的であった。しかし私には、この暴動の直接の原因は思想的なものではなく、寒冷気候による住民の生活困窮が原因だろうと思われた。海から遠く離れたチベットのような内陸地域では、気候変化は他地域より早く、極端に起こる。上記のことからすると、どうやらそこでは寒冷化がす

でに始まり、農業を直撃し、収穫が少なくなってきているようである。

　近い将来に来る寒冷気候のもとでは、日本も間違いなく食糧危機に見舞われる。現在の米の生産量をみてみよう。東北地方や北海道などの北日本一帯では、かつて米は生産できなかった。米の新品種開発の努力の積み重ねによって、現在はこれらの地域でも米の生産が可能になっているのである。気温が下がれば、これらの地域での米の生産は間違いなく不可能になる。もちろん温暖化のときにも若干の問題が起こるが、米の品種を変えれば生産は可能となることが多いし、世界的には米作可能地域や農耕可能地域が広まることは確かである。

　第4章で述べたように、江戸時代には何回かの飢饉があったことが知られている。これらの時期には太陽活動は弱く、気温は低かった。多くの人々が食糧不足に苦しみ、農民は搾取され、支配階級である武士でさえ、下層の武士は貧しく、飢えていた。近未来の日本でも、寒冷化の下ではこのようなことが起こる可能性があるのである。

　地球で寒冷化が次第に進行すると、まず北方の地域で飢饉が始まる。さきに触れたように、それはチベットと北中国であろう。13億人いる中国の人口のうち10％が食糧不足に見舞われるとなると、世界は深刻な事態に陥る。原因が寒冷化であるために飢えた人々は南方に移動するしかない。彼らを引き受ける国はあるだろうか？　日本は彼らを受け入れることができるだろうか？　いったいどこに住めと言えるだろうか？

　もちろん人類はそれなりの努力をするであろう。寒冷化に対していろいろな手段を講じるだろうが、なにしろすでに地球の人口は許容量を超えているのである。なによりもまず人類は人口爆発をストップし、さらに人口の減少を図ることが焦眉の急務なのである。

　例えば太平洋戦争の原因はなんだったろうか。すでに指摘したように(115頁)当時日本の人口は増加の一路をたどり、すでに国土が養える人口を超えていたのである。当時の日本にはまだ、現在のように工業製品を輸出して食糧を輸入するというような力はまったくなかったので、食糧不足は打開のしようがなかったのだ。そこで政府は国を挙げて植民地政策に取

り組み、朝鮮半島から満州までも制圧し、さらには東南アジアにまで侵攻していった。その結果は欧米諸国との摩擦を起こし、ついには戦争に突入したというわけだ。しばしば見過ごされることだが、あの戦争の本当の理由はイデオロギーや政治ではなく、人口増加と食糧不足だったのである。

　人類の歴史をみると、食糧不足はほとんどの場合に寒冷化の時期と一致し、そのようなときには人類は戦争への道を突っ走るのが普通であった。この道を繰り返さないためには、我々はまず人口減少に取り組まねばならないのである。それはしかし、人類社会にショックをもたらさないよう、計画的にゆっくりと実行していく必要がある。しかし人口減少は本当の寒冷化が来る前には完了しておかねばならない。人類が21世紀半ばまでに人口調整に失敗したときには、問題解決のために間違いなく大きな戦争が起こるだろう。これはいわば動物の本能的な行動でもある。

　現在の日本では、食糧自給率は40％である（世界国勢図会, 2008/09）。もし私たちが自給食糧だけに頼って生きていかねばならないとすると、10人に6人は飢餓に見舞われる計算であり、この割合は寒冷化によって一層多くなる。もし我々が真に持続可能な社会を目指すのであれば、我々はまず炭酸ガスではなく、人口の減少に取り組まねばならない。その後、経済的なバランスのとれた社会をつくっていく努力が必要である。人類全体としても、この方向で最大限の努力を緊急に開始せねばならないのである。

石油節減と新エネルギー開発への努力

　以上、私は地球温暖化でなく、寒冷化が近づきつつあり、そのための対策を緊急にとる必要があると強調した。しかし私は、地球温暖化対策として実際に行われているいろいろな事業のすべてが役立たずだとは思っていない。人類社会がエネルギーを化石燃料から他のなにかに転換することはもちろん緊急課題である。化石燃料は次第に底をつき始めているし、さらに化石燃料の燃焼によって炭酸ガスだけでなく、少量ではあるがもっと有害な汚染物質が排出され続けているからである。近年は花粉症やアレル

ギーの人がずいぶんと増えてきたが、これも多分に上記の有害物質とそれらによる大気汚染が原因となっているにちがいない。たばこの煙の害は最近とくに強調されるが、しかし、圧倒的に多量で有害な車の排気ガスについては影響が大きすぎるためか、だれもなにも言わないのである。

　日本はほとんど100％石油を輸入に頼っている。その石油は間違いなく近未来に枯渇する※。石油が噴水のように自噴していた昔と違い、現在では地中に空気や水を注入し、地下の石油を押し出すというような方法で採油しているのである。世界中のほとんどの大油田ですでに石油はこのようにしてしか採油できない状況になっている。新しく油田を発見できるだろうとの考えもあるが、所詮それも枯渇していく運命にあるし、近年は技術の粋を尽くして探索し続けてきた。現在我々はすでに地中をほとんど見通せるほどの技術を駆使して探索しているのである。したがって今後さらに小油田をみつけることはあっても、大きな新油田発見の可能性はもはやないであろう。どのようにしても、すでに地球の化石資源はほとんど底をついているという状況に変わりはないのである。最近の油田探査は陸上から海底に移ってきた。メキシコ湾の海底油田の一つは海上の基地から海底10km深のボーリングを行い、さらにそこから水平に数キロを進んで採掘しているありさまである。このような困難な作業によって新油田が発見されても、それはしばしば自噴するような良質のものではなく、採油にはさらに厳しい努力が必要なのである。そのため新油田開発は年々困難になっていき、石油価格はどんどんと高くなっていく。それに加えてこのような困難な採油には事故がつきものである。2010年4月のメキシコ湾油田事故は事故の危険性と発生した場合の重大性を如実に示している。

　人類の努力によって今後あちこちで新油田が発見されるにしても、この地球では石油が近い将来に枯渇することは避けられないことである。石油依存の中東の国々はすでに石油枯渇後への準備にとりかかっている。石油輸出で得た莫大な資金（いわゆる政府基金）が活用されだしたのである。こ

※（訳者注）近年脚光を浴びているシェールオイルやメタンハイドレートに関しては110頁訳者注参照

れらの国々ではまず基礎及び応用科学に投資を始め、多数の留学生を海外に送り出している。さらに、クウェートでは一流企業の買収を開始したし、アラブ首長国連邦では製造業などの大手企業を自国に誘致しようとしている。これらの国では石油依存経済から脱却して産業国家への転進を図り始めているのである。石油に依存している中東の国々はこのように、石油枯渇後に備え、石油依存経済から産業立国に向けた準備を着々と進めつつある。

　それでは資源の乏しい日本のような国は将来に向けていったいどのようなプランを立てたらよいのだろうか。我々としてはまず第一に、乏しい資源を有効に、かつ節約して利用し、できるだけ枯渇の時機到来を引き伸ばすことだ。石油は燃料としてだけでなく、プラスチックや化学繊維そのほか実にいろいろな用途に活用されている。これに対して他のエネルギー資源である石炭、天然ガスやウラニウムなどはただ熱エネルギーとして、それらを燃やすだけのことしかない。我々はまず石油利用目的を絞ることによって石油を少しでも長く利用できるようにしなければならない。そしてその間に石油依存社会の構造からの離脱を図り、実行していかねばならない。

　2007年の原油の1バレルあたり相場は100ドルを超えた。1960年には1バレル1ドルだったのだから、これはまさに100倍を超えたのである。ここまで上がった原因は市場の思惑による投機であった。だが2008年4月18には1バレル115ドルになった。これに連動して果物や野菜の価格も上昇した。これらは石油と関係ないようにみえるがそうではない。ビニールハウスを暖めたり、農地を耕すトラクターの燃料、ひいては作物を市場に運ぶトラックの燃料などなど、おおいに関係があるのである。市場の熱が冷めても、石油採掘経費は上がり続けるし、採油量は減り続ける。石油価格が下がる理由はまったくないというのが現状だ。

　上記のことから、2007年は全面的な対資源枯渇戦争の始まりの年だったといえるのだ。今後人類社会はエネルギーをバイオマスや太陽エネルギーなど他のものに変えて行く可能性が高いし、実際にそうしていかなけ

ればならないのである。例えばバイオマス利用の自家発電とその余熱による温水生産が実用化されれば、それは現在のような大型発電所による一括発電と遠距離送電に比較してはるかに効率的である。この方式は技術的に可能である。ロンドンではすでに10万世帯単位でのバイオマス発電プログラムが実際に進行中である（第5章、103〜104頁参照）。

　しかしこれらの新技術でも現在の人類に必要なエネルギーを賄うには十分でない。石油依存から完全に抜け出すためには、まったく新しい強力なエネルギー、例えば核融合エネルギーなどを利用できるようになることが望まれる。核融合とは、原子核、たとえば水素とヘリウムが融合することで、そのときにを発生するエネルギー利用するものである。太陽エネルギーはまさにこの核融合によっている。現在の原子力発電は原子核分裂を利用しているが、核融合はずっと安全であるし、ほとんど永久的にエネルギーを得ることができるので、いわば夢のエネルギーである。ただしその技術の開発はとてつもなく困難であり、近い将来に開発できるとはとても思えない。

　もし石油に代わる新しいエネルギー開発ができないときは、まずは現在の石油、石炭、ガスなどの化石燃料の使用量を減らし、効果的な利用を続けて行く一方、少しずつ化石燃料に頼らない社会に変革していかねばならない。そして化石燃料がついに枯渇したときには、太陽エネルギーだけに頼らなくてはならない。もちろん風力、潮汐力、河川エネルギーなども太陽エネルギーの一部である。ローマクラブの計算によれば、太陽エネルギーだけによって養いうる世界人口は30〜40億人、現在の50％でしかない（第5章、109〜110頁参照）。

科学の進歩と人類の未来

　現在の人類社会は人類始まって以来の最大の問題に直面している。それは私たち自身を含めた地球上の生命と地球生物圏の未来をどうするかということだ。現在直面する地球温暖化、資源戦争、食糧不足などの重大問題

がなぜ起こっているのかを考えてみると、それは実は我々人間中心主義がもたらした人口爆発こそが基本的な原因だというところに行き着く。

　ところで、上の疑問に答えようとすると、それでは「生物とは何か、何のために生きるのか」という疑問に突き当たる。これは結局地球が生物を生み、それが進化したプロセスを知ることである。生物進化は明らかに地球環境の変遷に大きく影響を受けてきた。生物界最大の変化は23億年前にあった。そのときには、小さくて顕微鏡下でしか見えないような原核生物から、その10倍の大型真核生物へと短期間に進化した。次の変化は8〜6億年前で、その真核生物(単細胞)からさらに大型の多細胞の動物へと進化した。すでに述べたように(90〜91頁)、これらの事件には地球環境の大きな変化が同調している。

　これらのことから、我々は地球だけでなく、宇宙を含めた自然界を全体として理解すべきであることがわかる。つまりはゲノムから銀河までを統一的に理解する必要がある (Isozaki et al., 2014)。

　自然科学は大きな進歩をとげ、人類発生には何度かの偶発的な大きな事件がかかわっていたことが明らかにされた。「もしあれがなかったら」、「もしこれが起こらなかったら」の偶発的な事件の積み重なりが地球の歴史であり、人類の歴史であった。言うまでもなく、人類の歴史は地球の歴史の一部であり、そのことは地球の観点からは人類も他の生物も同等であるということである。しかしながら、種の存続にとっては基本的なルールであり、すべての生物にとって普遍的であった「10個体が生まれればそのうちの8個体は生き延びられない」というルールを人類だけは破ったのである。技術と知識の進歩によって、人類はすべての個体を生き延びさせることに成功した。しかしこのために、人類の遺伝子は多様性を失って均質化していくことになった。

　均質化がこのように進んでいくと、どんなことになるだろうか。少子化現象は一般化し、最近では不妊も増えているといわれるが、それは当然なのである。遺伝子が均質化していくということは、その生物が大量絶滅するための条件を揃えていっているようなものである。生物の多様性は、な

にか重大な環境の変化のような大事件が起こっても、その生物の一部が生き残れるための条件なのである。多様性があるということは生物種として健全な状態であり、多様性をもつことが本来あるべき姿なのである。それにもかかわらず人類はますます均質化しつつあるのだ。

　私は、人類が生物としての役割を終えようとしているのではないかと思うことがある一方、いやまだまだこれからだとも思うのである。

　その理由は種としての寿命が終わろうとしているということだ。どんな種でも永遠に生き続けることは不可能であり、そのことは46億年の地球の歴史が示している。どんなに繁栄した生物も、必ず大量絶滅が起きて、別の種にバトンタッチしているのである。人類はこの地球上に生まれてからすでに450〜500万年経っているので、駅伝のように、そろそろタスキを次の走者に、つまり次の生物種に渡すところに来ているのではないかということである。しかし一方で、人類が生き延びる可能性もあるのではないか、これからの将来こそ、人類がその叡智でよりよい人類社会を持続させていくことも可能ではないかとも考えたいのである。地球からみれば他の生物と同格ではあるが、人類は言葉、文字、道具、農業、工業を生みだし、膨大な知識を蓄えてきたという事実がある。そして生物として初めて地球と宇宙を、さらにその歴史を認識したのである。蓄えられた科学の知識を利用して、現代のような状況のもとにあっても、人類がどのように知恵を出し合って、これからどう進歩していくのか。私はまだまだ十分に打開できる可能性があり、希望があると思いたいのである。

　このような重大な課題に直面した人類は、地球科学、生物学の分野だけでなく、政治学、社会学、哲学などの分野と合流し、人類としての知恵を結集して今後の人類の方向を模索せねばならない。「太陽系と同じような恒星系は宇宙に無数に存在するので、地球のように生命体をもつ惑星も存在するはずだ」という考えがある。その可能性は確かにあるが、地球のことにたちかえって考えてみても、もし地球生命の存在にとって絶対的に必要な条件である水の存在がなかったら、もしプルームの活動パターンが違っていたら、隕石がぶつかっていなかったら、あるいは地球表面が冷却

された後、温暖化していなかったらどうだったろうか。
　一つひとつこれらの事件を考えながら地球の歴史をたどってみると、人類誕生と進化の歴史は、実に大変な偶然の積み重ねの上に成り立っていることがわかる。これが現在の科学がたどり着いた結論である。
　時間と空間のスケールを大きく取ると、本質がみえてくる。日本だけにいて海外に出なければ、いくら日本をみていても逆に日本のことはわからなくなってしまう。「井の中の蛙大海を知らず」である。気候変動を考える我々は"井の中の蛙"であってはならない。時間と空間のスケールを大きく取ってみないと本質を見誤ってしまう。地球の気候は長い時間スケールでみれば大きく確実に変わっているのであるし、また、短期間に大きな変動も起こっているのである。人間は本来、先を見通す力をもっているはずであり、みるべきところをみれば本質を理解できるようになるはずである。
　科学は歴史的に進歩する文化である。「自然科学の進歩」とは一言で言えば絶対零度に近づくようなものである。絶対真理そのものに到達することはできないが、限りなく真理に近づくことはできる。これが、科学が歴史的に進歩するということの本当の意味である。

地球の進化史と人類の進歩

　ハーバード大学のサミュエル・ハンティントン教授が著書の中で「人間の歴史から見たら、日本は線香花火みたいなもの」と書いた。線香花火のように一瞬は輝いたが、すぐに自ら消えていくというわけだ。彼のいうところによれば、日本人は独創的になにかを生みだす人とか、一生懸命勉強する人の足を必ず引っ張る。内輪でお互いに足を引っ張り合いながら沈んでいくというのである。しかし私は、地球と人間の歴史を研究してきて、人間というのは紆余曲折しながらも進歩してきた生物だということを実感する。人類は言葉を使うことで、互いに情報を交換し、文字を発明したことで、その知識をさらに子供や孫に残すことができるようになった。同様

に日本人も知恵を絞って進化してきた。人類はいくつかの危機も乗り越えてきたし、今回の危機も、これまで蓄積してきた知識と技術をもってあたれば、人類は乗り越えていけるという希望をもてるのである。

　人間がどのようにこの地球上に現れ、そして進化していったのか。少々長くなるが、地球と人類の歴史を以下に概観しよう。

　生命の進化と地球の歴史は、互いに相関し合っているにもかかわらず、その関連について盛んに研究されるようになったのはつい最近、1980年代からである。現在では、生命の誕生と進化メカニズムについての理解が急速に進み、その研究対象は地球外天体まで含めた広い宇宙空間にまで広がっている。地球の歴史には、7つの大きな転換点となるできごと、以下の地球史7大事件があった（丸山・磯崎, 1998）。

① 45.6億年前　地球の誕生
② 40億年前　プレートテクトニクスの開始、花崗岩と大陸の形成、生命の誕生
③ 27億年前　強い地球磁場の誕生と生物の浅海への進出
④ 19億年前　最初の超大陸の形成
⑤ 7.5億年〜5.5億年前　海水のマントルへの注入開始、太平洋スーパープルームと硬骨格生物の出現
⑥ 2.5億年前　古生代と中生代の境界時期での生物の大量絶滅
⑦ 500万年前〜現在　人類の誕生と科学の始まり

気が遠くなるような昔からの話だが、一つひとつたどっていこう。

① 45.6億年前　地球の誕生
　　原始地球は45.6億年前、微惑星の衝突・合体によって誕生した。当時の地球は衝突エネルギーの熱によってマグマの海に覆われ、中心部まで溶けた灼熱の液体の惑星であったと考えられている。この液体の中の重たい金属物質は地球中心に沈降し、表層は次第に冷却し、その結果、核、マントル、地殻という固体地球の基本的な層状構造が徐々に形成されていった。

② 40億年前　プレートテクトニクスの開始、花崗岩と大陸の形成、生命の誕生

　原始海洋がおよそ40億年前にでき、そこで最初の生命が誕生した。これは38億年前に形成されたことが明らかなカナダやグリーンランドの岩石を分析した結果、推定されている。当時海ができたということは、その頃のカナダやグリーンランドの岩石に花崗岩がみられることから推定されるのである。花崗岩という岩石は日本国内では御影石などと呼ばれてよく墓石などに利用されている岩石である。この花崗岩はプレートテクトニクスによって玄武岩質の海洋地殻がマントル内部に海水を含んで沈み込んだ結果、形成されるのである。つまり海水がないと花崗岩はできないのである。地球以外の惑星には火星を除いては花崗岩がほとんどない。大量の花崗岩があり、それもいろいろな時代にできた花崗岩があるのは、地球だけであり、他の惑星にはない地球の特徴なのである。火星には花崗岩があるが、それはすべて40億年前に形成したものだけと思われる(丸山, 2008b)。

　海水が地球表面に存在するということは、蒸発しない温度にまで地表の温度が下がったことも意味する。地球表層の温度が下がり、それまで液体だったマグマが固体となって「プレート」となり、「プレートテクトニクス」と、その駆動源であるプルームテクトニクス(第5章、95〜97頁)が機能するようになったと考えられる。

③ 27億年前　強い地球磁場の誕生と生物の浅海への進出

　地球の磁場が強くなると、それは生物を紫外線から守るバリアのような働きをし、深海にいた生物が浅い海へと進出できるようになった。そしてその生物は太陽エネルギーを利用して光合成することができるようになった。

　ところで、いま我々は日常生活において、現在の地球環境を自然のものと受け止め、酸素が大気中に豊富にある環境を「体にやさしいもの」と感じている。それは我々が酸素呼吸をする生物であり、酸素の不足はきわめて不快なことで、その先に死に至る可能性があること

を知っているからである。

　しかし、地球に初めて生命が誕生した頃の地球環境には酸素はほとんど存在しなかった。当然、そのころ生活していたのは「嫌気性生物」だった。その後、もともと光合成のために生じた「産業廃棄物」だった酸素が、海水や大気中に次第に増加していった。現在のような酸素に富む大気が形成され始めると、嫌気性の生物から私たちのような酸素呼吸を行う生物の時代へと移行していったのである。

　およそ27億年前頃に、酸素発生生命体が誕生し、海洋と大気中の酸素が増え始めた。酸素は浅い海から深海にまで徐々に浸透してゆき、生物は21億年前頃、二重の細胞膜をもつ構造に進化し、10億年前頃からはさらに増加した高濃度酸素を使って大型化するようになった。

④　19億年前　最初の超大陸の形成

　27億年前以降、マントルは急速に冷えてゆき、プルームの数が減少し、プルームは次第に大型化したと思われる。そして19億年前頃には、巨大な一つのコールドプルームが発生した。この巨大なコールドプルームに向かってすべてのプレートが集まり、飲み込まれて行った。しかし、軽い大陸地殻を持つプレートは飲み込まれずに地球表面に残るのでそこでは多くの大陸が衝突、付加、融合して次第に大きくなっていってその数を減らし、ついには「超大陸」が出現するに至った。超大陸は、地球上のほとんどの大陸が1ヶ所に集まってできた大陸である。一般に超大陸はすべての大陸の80％以上が集合したものを呼んでいる。この時期以降、大陸は分裂と衝突・融合を繰り返すようになった。

⑤　7.5億年〜5.5億年前　海水のマントルへの注入開始、太平洋スーパープルームと硬骨格生物の出現

　現在の地球でも、ごくわずかずつだが海水が海溝から地球内部へもたらされ、海水は全体として減少しつつある。この大規模な現象がこの頃に起こった。海水が減ったために陸地面積は相対的に増大した

と思われる。おそらく、かつては全地球表面の5％くらいだった陸地面積が、この頃に30％程度まで増加したと思われる。つまり、この頃の地球表面での大陸と海洋の面積比は、現在のそれとほぼ同じになったと考えられる。黄河、揚子江、ミシシッピ川のような巨大な河川が出現したのもこの頃からと思われる。また、急速に酸素が増え、大気圏からその外へ漏れ、4.5億年前頃にはオゾン層が生まれた。オゾン層は遺伝子を傷つける紫外線を遮る働きをするので、それまで水中を出ることができなかった生物は、シダ類などの植物を先頭に、続いて動物も地上へと進出してきた。

　8〜6億年前の地球表層は、地球の歴史上もっとも寒冷な時代で、氷河期とも呼ばれる。生物にとっては非常に生きづらい時代だったが、その危機を救ったのが南太平洋に誕生した「太平洋スーパープルーム」だった。スーパープルームは、その頃存在した超大陸を分裂させ、その間の狭い水路に沿って大陸の内部にはたくさんの湖が生まれた。そして、湖の中では栄養塩に富む熱水が循環し、本来なら凍りついていたはずの大陸に温暖な環境をつくった。このために、急速に増加した酸素を使って、生物の進化が内陸湖の中で始まった。湖水にはリンやカルシウムが豊富に含まれており、その成分を取り込んだ生物は進化した。生物は進化に伴って強い骨格をもつようになり、浅海で爆発的に多様化した。そして、6〜5億年ほど前に海水の化学組成が変わり、現在に近い酸素濃度になった。これが生物の陸上への進出をうながし、まず植物が、それを追って動物が上陸していった。このように地球の生物は環境に適応し、多様化が進み、その結果人類の祖先である大型生物が生まれたのである。

⑥　2.5億年前　古生代と中生代の境界時期での生物の大量絶滅

　この頃、地球史上最大の生物絶滅事件が起きた。海に住む無脊椎動物の96％が絶滅したと見積られている。その原因としては、遠洋深海堆積物の分析の結果、2000万年にもわたる、長期の酸素欠乏状態があったらしいことが明らかになった。

⑦　500万年前〜現在　人類の誕生と科学の始まり

　ついに人類が誕生した。45.6億年の地球の歴史からみたら、ごく最近のできごとである。

　前頭葉が異常に発達した人類の誕生は、大規模な地球環境変化をもたらしたわけではなく、その点で地球史上のほかの6大事件と比べて、地球史大事件として挙げるには異質である。しかし、「われ思う、ゆえにわれあり」とデカルトが、あるいは「人間は考える葦である」とパスカルが述べたように、人間は考えるという力をもった生物だった。その結果生まれた科学は、宇宙空間まで、そして150億年に及ぶ時間の広がりまでも探究できるほどの大きな成果をもたらしたのである。

　生命が生きられる環境の条件は、極めて狭いものである。生命は90％以上が水で構成されているが、その水は単純な無機物質から高分子のたんぱく質まで、実にさまざまな物質を溶かすことができる。水を主成分とする細胞液が、細胞膜を通して行き来しながら化学反応を行うことによって、生物は初めてエネルギーを得ることができる。このため、生物は水が液体である、つまり0℃以上である条件下でしか生きることができないのである。生物が住める環境というのは、この条件だけみても非常に限られた範囲にあることは大変に重要なことである。

　このように、地球生命の歴史は、つねに地球自身の変動による内力と地球圏外からの外力を受けて変化してきた地球表層環境によってコントロールされてきたと言えるのである。

人口爆発が最大の環境問題

　人類の起源と進化は、人骨化石、遺伝子とミトコンドリアの解析によって研究され、多くのことが明らかになってきた。人類は700万年ほどの昔に、アフリカのリフトバレーという地域でチンパンジーなどと共通の祖

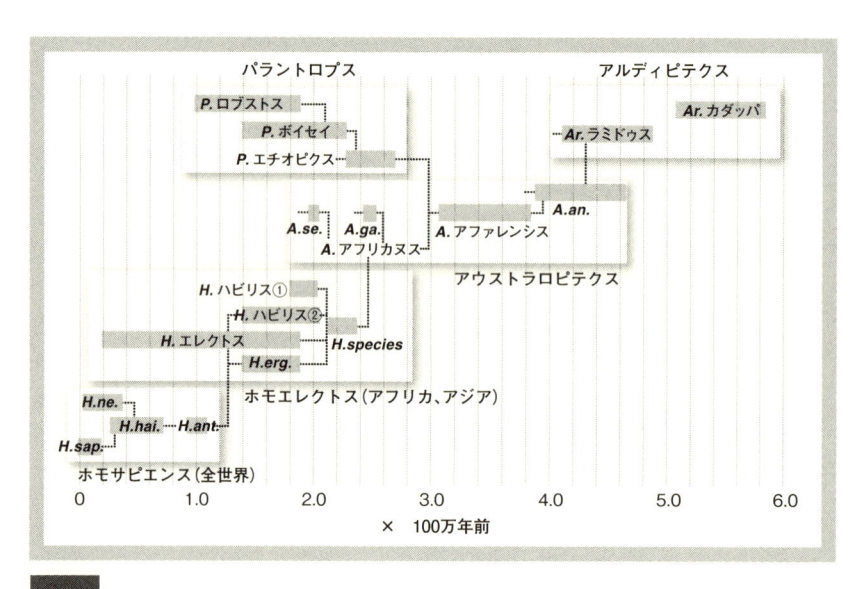

図34 人類の祖先の進化系統図

(MacEvoy, 2009 を改変)

人類の祖先は 600 万年ほど前にアフリカで発生し、100 万年ほど前に現れた現代の人類が世界中に広がった

先から分かれて誕生した。そしてオーストラロピテクス−ホモハビリス−ホモエレクトス−ホモサピエンスと進化してきた(図34)。しかし実際の人類の進化過程は単純ではなく、多くの人種があるときは平行して、あるときは枝分かれして進化し、あるいは絶滅した。

このような人類の発生や進化は、繰り返しになるが、地球の歴史から見ればほんのつい最近のことだ。約240万年前に、私たちの祖先であるホモ・ハビリスが登場し、簡単な石器を使ったらしいことがわかっている。人類がその後恐ろしいほど高度に発展させたテクノロジーの、まさに源の源である。

約200万年前まではアフリカにしか人類はいなかった。これは、それより古い人類の化石はアフリカにしか出てこないことから確かである。アフリカの面積から食糧の量を推算して、その頃の世界人口はだいたい10万

人くらいだったと推測されている(大塚・鬼頭, 1999)。

その後、彼らは道具を発明してアフリカを脱出し、ほぼ100万年前には世界各地に広がり、ジャワ原人、北京原人というように進化した。しかし、これらの人類は絶滅し、その後アフリカから脱出せずに留まっていた人類から、約20万年前に私たちの直接の祖先であるホモ・サピエンス・サピエンスが現れた。ホモ・サピエンス・サピエンスは、陸路をたどって世界中に広がり、人類の多様化が始まった。私たちモンゴロイドの祖先は、東アジアからさらに新しい土地を求めて、ベーリング海峡を渡り、約13000年前にアメリカ大陸へと移動した。当時は氷期だったので、ベーリング海峡は凍っており、歩いて渡れたのである。このように、人類が世界中に広がって多様化していく間にも気候は寒冷化したり、あるいは氷期があったりで、人類にとって不都合なさまざまな事件があった。こうした不都合な事件のときには人口増加は止まったが、人類の知恵は次第に発達し、生き延びてきた。

その後、1万年くらい前からは間氷期の温暖で安定した気候が続いたおかげで、人類はこの頃からついに農耕を始めた。世界の人口は、産業革命の前頃がおよそ5億人、そのあと現在までの300年の間、地球の歴史からみれば、ほんの一瞬のうちに60億人以上になってしまったのである。大型動物の代表である人類の異常な増加は、生物界に急速で深刻な問題を引き起こした。国連環境計画の1995年報告によれば、現在地球上には175万種の生物種が生きている。さらに、まだ把握されていない無数の生物種がいると予想されている。ところが、1996年の国際自然保護連合のまとめによると、過去400年に、少なくとも600種あまりの動物が絶滅したということだ。とくに、大型の哺乳類が多く絶滅している。

地球史上、大型生物の大量絶滅はこれまで何度か起こっている。大量絶滅の原因としてはいろいろと挙げられているが、それらは大きく地球外に原因を求めるか、あるいは地球内部に求めるかの二つの立場がある。地球外の原因としては、超新星爆発などによる異常放射能などが、地球内の原因では寒冷化などの気候変動やそれによる食糧不足、あるいは海水の化

学組成や濃度変化などがある。実際にこれらの地球外因、地球内因ともにあったことが地球の歴史に刻まれており、地質学的に明らかにされている。

しかし、現在起きている短期間に600種あまりもの動物の絶滅という事件は、これまでの生物の大量絶滅とは明らかに異なるタイプである。人類は知能の発達によって、次々と文明を発達させてきた。これは脳が異常に発達した人間だけがなしえたことだったが、その結果、新しい型の生物大絶滅を起こしつつあるのである。

生物多様性のピラミッドは簡単な図でだれもが頭に描くことができる。この頂点の大型生物が異常に増えたなら、いったいどうなるだろうか。バランスは崩れ、下のほうでピラミッドを支えている他の生物種に大きなダメージが広がることは明らかである。現在生物界に起こっている異常事態の多くは、このような人口の異常爆発によってもたらされていると言えるのである。たとえば、各地の砂漠化の進行は地球温暖化のせいだとよく言われるが、そうではない。その基本的な原因は人口の異常な増加なのである。たとえば、ある川の流域に1万人の人間が住んでいたとしよう。急激な人口増加によって、川の上流域の人口が例えば5万人に膨れ上がったとすると、農業用水なども含めて上流での河川水の利用は急激に増える。このようにして下流の水量は減少し、いずれはまったく流れなくなってしまうこともありうる。これは実際に、現在アラル海地域や黄河地域で起こっている砂漠化の実態である。炭酸ガスを削減しさえすれば砂漠化、生物種の絶滅、異常気象や地球温暖化が止まるなどというわけではないのである。

一方、人類と生命の安全にとって見逃せない重要な問題として、すでに指摘したが、空気と水の汚染が進行していることがある（第5章、104頁）。海水組成の変化が生物の突然変異にどれだけ大きな影響を与えたか、それが遺伝子レベルまでも深い傷を与えたかは生物進化の歴史をみれば明らかである。そしてその影響は過去だけでなくずっと未来の子孫にも受け継がれていくのである。

さきに述べたように(106頁)、8億年〜6億年前に起こった海水のリン

とカルシウム汚染はたまたま生物界に好都合な進化をもたらした。しかし、現代の地球上で起きているすべての水の汚染が生物にどのような影響を与えていくかは、だれにもわからないところである。水にはほとんどすべての物質が溶解するのである。人類がつくった、そして将来もつくり続ける多量の新物質(107頁参照)もまた水に溶解して世界中を駆け巡るのであり、その影響がどう現れてくるかは大きな問題なのである。

人口縮小プログラムを緊急に！

　私の主張をここではっきりさせよう。人類は炭酸ガス削減でなく、人口削減をなによりも緊急課題として実行に移すべきである。
　現在、地球上の総人口は67億人に近づいており、2050年には100億人になると推定されている。100億人というのは、この地球の限られた資源・食糧と環境に加えて、人類が発展させて来た技術の下で、ある期間は生きていける最大の人口であろう。もとより、寒冷化や旱魃などの不利な条件が加われば土台無理な話である。さきに述べたように、人類は「成長の限界」に近づいているのである(第5章、107頁)。きれい事を言ったり、二酸化炭素を減らすことを至上命題にしたりしている場合ではない。地球で暮らしていける人間の数には、いくら人間社会が発展し、高度な技術をもってしても、確実に限りがあるのである。
　今の地球環境が変化なく続くのであれば、人類はなんとかしばらくの間はやっていけるかもしれない。しかし、近い将来に地球寒冷化が始まり、ニューヨークとロンドンを結ぶ線より北方での農耕が困難になり、食糧不足があちこちで現れるだろう。食糧を求めて各地で騒乱や戦争が発生するに違いない。このような時期に戦争が起っていることは歴史が証明している。ある時代が終わって戦争や革命が起こるときというのは必ず気候が寒冷化したときであった。それは上記のように、寒冷化によって人類に食糧不足が起こるからである。日本の大化の改新、チンギス・ハンによるモンゴル大帝国の成立など、常に気候寒冷化の時期と一致している。思想や政

治など、人間社会の側の事情などは二の次だったのである。

　日本の人々が戦争はいやだということであれば、数百年前と同じように鎖国をして世界の国々との関係を絶って独自で生きていこうということになる。しかし、そうすると日本はいろいろと深刻な問題に直面する。なによりもまず、食糧不足になる。

　日本で、自国の食糧生産だけに頼って生きられる人口は3400万人といわれる。この数は現在の人口の4分の1で、明治維新直前の人口と同じだ。これは、太陽エネルギーだけに頼らねばならないからだ。250年前の江戸時代と同じように、完全に国外からの資源に頼らないですむ、持続可能な社会にせねばならないからだ。現在の日本の人口は1億2700万人だ。3400万人より9300万人超過しているのである。さらに、このなにも資源のない日本が、もし石油の代替エネルギー開発ができなかったならば、エネルギー資源はやがて枯渇し、事態はさらに深刻なものになる。現在の日本では、少子化と晩婚は困った問題と言われている。多額の予算を使って「生めよ増やせよ」の少子化対策まで行われている。しかし私は、今の日本は小人口の国づくりをすること、人口削減に積極的に取り組まねばならないと強調したい。現在の日本政府は「少子化＝国民総生産の減少」という明らかに目先の不利益に惑わされている。しかしいまは、日本の国力が落ちるかどうかを問題にしているときではない。限られた食糧と資源で、生き残れるかどうかという時代が迫っているのだ。このような人口過剰の問題はもちろん日本だけではなく、世界中の問題であり、資源問題もまた同様である（第5章、107頁）。

　人類というのは偶然に偶然が重なって生まれたようなものである。そして、人類は脳が発達したために、科学と技術を極め、その結果、知識は確実に蓄積され、特に産業革命以降に著しく急速に増えてきた。そして、世界は物質的にも非常に豊かになり、先進国は宇宙にまで進出し、高度な文明をつくりだした。しかし、人類の活動が大きくなりすぎて、人間圏だけを異常に拡大してしまった。ヨーロッパ、アメリカ、アジアの大森林はほとんど消滅し、代わって広大な牧草地が広がり、そこに45億頭もの家畜

を飼うようになった。さらに今日では、バイオ燃料生産のために熱帯雨林地帯の森林の伐採まで始まっている。このような人類の"大躍進"は、それまでの生態系を大きく歪め、人間と家畜以外の大型の動植物を絶滅の危機に追いやってしまったのである。

　このように人類が抱える今日の環境問題の本質は、人口の異常な急増にそもそもの原因がある。したがって、世界が協調して、何らかの取り決めを結び、世界人口の計画的な縮小を進めない限り、環境問題の本質がなくならないのは理の当然である。これはまさにローマクラブが1972年に指摘したとおりである(第5章、109頁)。地球温暖化問題は、その本道からはずれた問題であり、しかも温暖化はむしろ、食糧を増産するには追い風なのである。現在において人類の直面する問題はすでに指摘したように(第4章、76〜81頁)、これからの地球は温暖化ではなく、寒冷化するということである。

　21世紀に入って、地球は寒冷化し始める兆候がみえてきた。年々の平均気温はIPCCが予言するような一方的な温暖化ではなく、本書で予測したように、すでに寒冷化の方向に進み始めている。第1章ではここ1年間の研究の進展を紹介した。

　私は世界の国々が協力して組織的な人口抑制、人口減少に向けて協力すべきであると強調したい。これは地球寒冷化の始まりと太陽エネルギーだけに頼らなければならないときが近い将来に見えているからである。

エピローグ

　2008年春に千葉の幕張で開催された日本地球惑星科学連合大会（地球惑星科学系の50の専門学会が連合で開催する学会）で、「地球温暖化の真相」と題するシンポジウムが行われた。これは私が中心となって関係の科学者らに呼びかけて実施されたものである。シンポジウムには多くの分野から第一線で活躍している全国の研究者らが参加し、活発な議論が行われた。このシンポジウムのあとに出席者にアンケートを取ったところ、90％の研究者が地球温暖化人為起源CO_2犯人説に疑問をもっていることがわかった。しかし、問題は日本の科学者がもつ、『保守反動性』である。これだけの割合の人が地球温暖化CO_2犯人説に疑問を持っているにもかかわらず、その疑問を公にする人はほとんどいないのである。これは、CO_2犯人説と、それに対する早急な対策の必要性が国連環境計画と世界気象機関によって権威づけられたIPCCによって報告され、その報告が日本を含む世界の多くの国によって承認され、すでに多額の予算がその方向で使われ、また使われる予定になっているという経緯がある。このことが、多くの日本の科学者の心に大きくのしかかっているためなのである。もし私が、政府相手に地球温暖化対策に対する『公開質問状』をつくり、その書類の中に、各個人の署名を求めたら、果たして何人の研究者が参加してくれるだろうか。

　しかし一方で、世界では様子が違っている。2009年の初め、ドイツでは60人を超える研究者が署名入りの公開質問状をドイツ首相、メルケルに提出したのである。しかもその中には驚いたことに、IPCCに参加した

研究者も含まれている。米国では、"New York Times Magazine"が高名な物理学者・生物学者でもあるフリーマン・ダイソンにインタビューし、その中でダイソンの地球温暖化論に対する強い疑念を詳しく紹介している。そして、さらに驚いたのは、アメリカではクレイグ・イドとフレッド・シンガーが中心になって、NIPCC(Non-Governmental International Pannel for Climatic Change)という非政府系科学者の組織がつくられ、31478人が署名した政府あての要望書を公開しているのである。この組織では、(1)地球温暖化人為起源CO_2犯人説を支持する確証はまったくない、(2)地球温暖化は食糧の増産などよいことが圧倒的に多い、という二つの重要な結論を明記している。

ところで、2009年11月にIPCCデータが意図的な強調操作を行っていたことが、IPCC報告で中心的な役割を果たした英国の東アングリア大学気候研究所のインターネットリークで暴露された。IPCC報告書(2001)で、最近の地球平均気温の異常上昇を主張した重要な基礎データとして知られる最近1000年間の気候変動曲線(本書28〜29頁、図9Aと9Bの、いわゆるホッケースティック曲線)が、実は意図的に強調されたものだったということが明らかになったのである。これに対してIPCCは、報告書の内容はすべて慎重で高いレベルの科学的査読(複数の第三者による論文の妥当性の審査)を経ているのであるから問題はないと弁明した。しかしその直後に同じリークの中で、IPCCの第4次報告書(2007)では、すべてのヒマラヤの氷河が2035年には消失するという報告が紹介されたが、それは科学的な責任ある査読をまったく経ていない非科学的な書き物の報告だったことも明らかにされた。IPCCの弁明の根拠である「高いレベルの科学的査読制度」なるものの信用性は地に落ち、結果としてIPCC報告が、最終編集者らの意図的な編集操作によってゆがめられていることが世界に曝されることになったのである。

一方、太陽活動がここ数年休止期に向かっているとの観測や議論も多くなってきた。第1章で紹介したが、2011年10月には米国のニューメキシコで太陽物理学者らが、2013年以後の数十年間は太陽活動が極小期に入

る可能性に注目した会議を開催している。太陽活動の極小期というのは17世紀に知られる地球の小氷期の遠因とされているのである。本書で指摘しているように、太陽活動の低下は地球の寒冷化をもたらすことが十分に予想されるのである。

　科学者として私たちは社会に対して、科学的に正しいことを伝え、間違いを正す責任をもっているはずである。それが科学者の倫理というものだろう。倫理なしに技術や理論だけを学ぶのは、猿真似に過ぎないだろう。
　私は炭酸ガス排出削減それ自体に反対しているのではない。至近の2020年問題(Meadows et al., 1972、第5章、109～110頁)であるエネルギー枯渇に備えるためのエネルギー種の移行は重要で直近の問題であり、緊急に本腰を入れて取り組まねばならないことは当然である。化石燃料使用量を削減し、石油枯渇に備える施策は、人口がうまく縮小されるまでに実行されるべきである。しかし炭酸ガスによって地球温暖化がもたらされるという虚構は正されなければならない。この虚構は近い将来にいずれ判明するであろうが、その影響の大きさと緊急性から、わかった以上は科学者としてすぐにそれを社会に訴える責任があると考えるのである。
　我々人類はこれまで述べてきたように、目前の最重要課題に全力で取り組むことが求められているのである。21世紀が温暖化であるのか寒冷化であるのかの答えは、5年から10年のうちに自然が明確にする。これには科学者の議論や意図的改ざんなどまったく無効である。2011年3月11日の東北地方太平洋沖地震時の福島第一原発事故では原発建設時の安全対策やその審査システムから、最近の度重なる小事故への対応まで、すべてについての政府、政権与党と東京電力の癒着が次々と明らかにされ、その中で、いいように利用された御用学者らの姿が浮かび上がってきた(例えば朝日新聞2011年5月27日付け2面原発村の記事)。あるいはまた肺がん治療薬イレッサの認可の審議会報告作成に関係した学界や科学者らの文部科学省原案丸呑みが新聞に指摘されたこともある(朝日新聞2011年5月28日付け社説)。寒冷化を実感したとき、世間は「温暖化を訴えた科学者たちは

いったいどうなっているんだ？」と、科学者、科学への不信感が広がってしまうだろう。少数派でも異端でもデータに基づいて真実を得た科学者は声を大にして社会に訴えなければならないというのが私の信念である。

●引用文献（抄）

- 赤祖父俊一，2008，正しく知る地球温暖化 ── 誤った地球温暖化論に惑わされないために ──．誠文堂新光社
- Bast, S.L. and Bast, D.C. (Eds), 2009, *Climatic Change Reconsidered*. The Heartland Institute, Chicago, U.S.A.
- Bradley, R. S., & Jonest, P. D., 1993, 'Little Ice Age' summer temperature variations: their nature and relevance to recent global warming trends. The Holocene, 3(4), 367-376.
- Burroughs, W.J., 2007, *Climate Change: A multidisciplinary approach*. Cambridge Univ. Press.
- Carslow, K.S. Harrison, R.G. and Kirkby, Jl., 2002, Cosmic rays, clouds, and climate. Science, 298 (5599), 1732-1737.
- Dansgaard, W. et al., 1993, Evidence for general instability of past climate from a 250-kyr ice-core record. Nature 364, 218-220.
- 電気事業連合会，2009，原子力・エネルギー図面集．http://www.fepc.or.jp/future/warming/about/sw_index.html
- 電気事業連合会，2014，「原子力・エネルギー」図面集，2-1-3．
- Earthfiles, 2011, Will Solar Cycle 24 Maximum Be Weakest in 100 Years and Go to Grand Minimum without Sunspots?, https://www.earthfiles.com/
- Eastering, D.R. and Wehner, M.F., 2009, *Is the climate warming or cooling*. Geophysical. Research. Letter. 36, L08706, doi: 10,1029/2009 GL 037810.
- Eddy, J.A., 1988, Variability of the present and ancient Sun: a test of solar uniformitarianism. In: *Secular solar and geomagnetic variations in the past 10,000 years*. Astronomisches Rechen-Institut, Heiderberg, Univ. Heiderberg, Germany, 1-23.
- Emanuel, K., Sundararajan, R. and Williams, J., 2008, Hurricanes and global warming: Results from downscaling IPCC AR4 simulations. Bull. Am. Meteor. Soc., 89, 347-367.
- Fuller, N., 2009, Newtron monitor network fundamental research and application. On: http://www.nmbd.eu/?=node/135
- Gore, A., 2006, *An Inconvenient Truth*. Rodale Press（枝廣淳子，訳，2007）不都合な真実．ランダムハウス講談社．
- Hathaway, D., 2013, Solar Cycle Prediction (Updated 2013/07/01),http://solarscience.msfc.nasa.gov/predict.shtml

- Houghton, J. T., Callander, B. A., & Varney, S. K., 1992, Climate change 1992: the supplement report to the IPCC scientific assessment. Intergovernmental panel of climate change. Cambridge University Press, Cambridge, R.-U.
- Huntington, S., 1996, *The Crush of Civilization and Remaking of World Order*. Simon & Shuster (鈴木主税, 訳, 1998) 文明の衝突. 集英社.
- Idso, C. and Singer, S.F., (2009), *Climate Change Reconsidered*. Nongovernmental International Panel on Climate change (NIPCC), The Heartland Institute, Chicago.
- IPCC 2001, Climatic Change 2001, *The Scientific Basis*. Cambridge Univ. Press, Cambridge. UK.
- IPCC2007, *Climatic Change 2007, The Physical Science Base*. Cambridge Univ. Press, Cambridge.
- Isozaki, Y., 1997, Permo-Triassic boundary superanoxia and stratified superocean: Record from lost deep sea. Science 276, 235-238.
- Isozaki, Y., Shu, O. G., Maruyama, S. and Satosh, M., 2014, *Beyond the Cambrian Explosion: From galaxy to genome*. Sp. lssue, Gondwara Research, 25, 881-1163.
- 伊藤公則, 2003, 地球温暖化：埋まってきたジグソーパズル. 日本評論社.
- 伊藤孝士, 1993, ザ・ミランコビッチサイクル, 最新・地球学. 206-220. 朝日新聞社.
- 環境省, 2005, 環境白書. ぎょうせい.
- Keeling, 1998, Rewards and penalties on monitoring the earth, Annu. Rev. Energy Environ., 23, 25-82.
- Kirkby, J., 2002, *Clouds: A particle beam facility to investigate the influence of cosmic rays on clouds*. Porc. IACI Workshop, CERN, 18-20 April 2001, CERN 2001-007, 1-74.
- Kitagawa, H. and Matsumoto, E., 1995, Climatic implications of $\delta^{13}C$ variations in a Japanese cedar (Cyptomeria japonica) during the last two millenia. Geophysical Res. Lett., 22, 2155-2158.
- 小泉格, 1995, 2008, 地球環境と文明の周期. 小泉格・安田喜憲編, 講座文明と環境第1巻 地球と文明の周期(新装版). 1－12. 朝倉書店.
- 九州大学総合博物館, 2010, 火山噴火と機構変動(1), オンライン博物館ホームページ；http://www.museum.kyushu-u.ac.jp/PLANET/05/05-8.html.
- Lean, J., Beer, J., & Bradley, R., 1995, Reconstruction of solar irradiance since 1610: Implications for climate change. *Geophysical Research Letters*, 22(23), 3195-3198.

- MacEvoy, B., 2009, Human evolution, in the home page of http://www.handprint.com/LS/ANC/evol.html, June 2010.
- Mann, M.E., Bradley, R.S. and Hughes.M.K., 1999, Northern Hemisphere temperature during the past millennium: Inference, uncertainties, and limitations. Geophys. Res. Lett., 26(6), 759–762.
- Marsh, N.D., and Svensmark, H., 2000, Low cloud properties influenced by cosmic rays. Phys. Rev. Lett., 80, 5004-5007.
- Maruyama, 1994, Plume tectonics. Jour. Geol. Soc. Japan, 100, 24-49.
- Maruyama, S., Yuen, D.A. and Windey, B.F., 2007, Dynamics of plumes and superplumes through time. In: Yuen, D.A. et al. (Eds) *Super Plumes: Beyond Plate Tectonics* (Springer), 441-502.
- 丸山茂徳，2008a,「地球温暖化」論に騙されるな！．講談社．
- 丸山茂徳，2008b，火星の生命と大地46億年．講談社
- 丸山茂徳・磯崎幸雄，1998，生命と地球の歴史．岩波書店．
- Maruyama, S. and Liou, 2005, From snowball to Phanerozoic Earth. Intern'l. Geol. Rev., 47, 775-791.
- Maruyama et al., 2002, In Nakajima, S. et al. (Eds), 2002, Geochemistry and the Origin of Life, Universal Academic Press Inc., Tokyo, 285-325.
- Meadows, D.H., Meadows, D.L., Randers, J and Behrens, W.W. III, 1972, *The Limits to Growth: A report for the Club of Rome's project on the predicament of mankind*. Potomac Associates, Washington, D.C.
- Ministry of Environment, Japan, 2005, *Annual Report on the Environment in Japan* (White Paper), Gyosei Co., Tokyo.
- 根本順吉，1994，超異常気象．中央公論社．
- Neutron Monitor Database (NMBD), 2010. homepage www.nmbd.eu
- 21世紀地球環境変動予測グループ，2010，21世紀の地球環境変動を予測する．（ホームページ），http://www.ircs.titech.ac.jp/english/research/index.html
- 日経エコロジー，2009，生物多様性読本．日本経済新聞社
- 大塚柳太郎・鬼頭宏，1999，地球人口100億の世紀．ウエッジ．
- Oppo, D.W., Rosenthal, Y., and Linsley, B.K., 2009, 2,000-year-long temperature and hydrology reconstructions from the Indo-Pacific warm pool. Nature, 460, 1113-1116.
- Oulu Newtron Monitor Center, 2010, Cosmic rays variations (%), Home page of Cosmic Ray Station, Univ. Oulu, http://cosmicrays.oulu.fi/
- Pang, K. and Yau, K.K., 2002, Ancient observations link changes in sun's brightness

and earth's climate. EOS, 83, No. 43, 48.
- 理学流動機構, 2010, 21世紀の地球環境変動を予測する. http://www.ircs.titech.ac.jp/research/index.html
- Rohde, R.A., 2009, *Surface and satellite temperatures*. In: Wikipedia Commons, 2010.3., http://en.wikipedia.org/wiki/File:Satellite_Temperature.png
- Remote Sensing Systems (RSS), 2012, their homepage: http://www.ssmi.com/contact_rss/contact_rss.html
- Royal Observatory of Belgium, Brussels, 2015, Monthly and smoothed sunspot number http://www.sidc.be/silso/monthlyssnplot
- Shaviv, Nir J. and Veizer, Jan, 2003, Celestial driver of Phanerozoic climjate? GSA Today, July 2003, 4-10.
- Stouffer, R.J., Russel, J., Spelman, M.J., 2006, Importance of oceanic heat uptake in transient climate change. Geoph Res. Lett., 33, 1-5.
- Stuiver, M. and Braziunas, T.E., 1988, The solar component of the atmospheric 14C record. In: Stephenson, F.R. and Wolfendale, A.W. (Eds), *Secular Solar and Geomagnetic Variations in the Last 10,000 Years*, 245-266.
- Svensmark, H., & Friis-Christensen, E., 1997, Variation of cosmic ray flux and global cloud coverage—a missing link in solar-climate relationships. *Journal of Atmospheric and Solar-Terrestrial Physics*, 59(11), 1225-1232.
- Svensmark, H., 1998, Influence of cosmic rays on earth's climate. Physical Rev. Lett., 81, 5027-5030.
- Svensmark, H., 2000, Cosmic rays and Earth's climate. Space Sci. Rev., 93, No.1/2, 175-185.
- Svensmark, H., and Calder, N., 2007, *The Chilling Stars - A New Theory of Climate Change*. Icon, Thriplow.
- 高谷好一, 1997, 多文明世界の構図. 中央公論社.
- World Data Center for Geomagnetism, 2010. Home page of the World Data Center for Geomagnetism,Kyoto. http:swdcwww.kugi.kyoto-u.ac.jp
- 矢野恒太記念会(編), 2008/09, 世界国勢図会. 矢野恒太記念会.

●図の転載許可への謝辞

Acknowledgement for the Permissions of Reproduction of Figures

　本書に掲載された図の一部はすでに公表された刊行物から転載、あるいは一部を改変したものである。それらに関する版権所有者からの転載許可を以下に収録する。版権所有者が国外の場合は英語で、国内の場合は日本語で記述する。版権所有者によっては再掲載の図の個々について原図の詳しい引用を求めたが、煩雑を避けるために本文中の図説では一般的な原典の引用に留め、詳しい引用データはすべてまとめてここで記述した。各位のご理解をお願いしたい。

We are thankful to following organizations and scientists (described in the order of figures reused in our book) who have granted us the general or specific permissions of reproduction of material, which was published by them, for reusing in our book.
Some organizations have requested us to identify the source in some detail. To avoid the complexity and to let readers to be easier to follow the text and figures of the book, details for all sources reproduced or modified after the original material are given only in this section, and only ordinary and simple description of the source is given in the caption of figures.

1. International Panel on Climatic Change (IPCC) has granted us all the following figures which appeared either in the Climatic Change 2001, The Scientific Basis, Contribution of Working Group I to the Third Assessment Report (AR3) of the IPCC, or the Climatic Change 2007, The Physical Science Basis, Working Group I Contribution to the Fourth Assessment Report (AR4) of the ICPP.
   Our Fig. 1: Reproduced from a part of Fig. 6.3, AR4,
   our Fig. 3A: Reproduced from a part of Fig. 2.21, AR3.
   our Fig. 3B: Reproduced from Fig. 9-1b, AR3,
   our Fig. 4: Edited from Fig. 9.5, AR4,
   our Fig. 20A: Reproduced from Fig. 2.21, AR3,
   our Fig. 21: Partially extracted from Fig. 2.22, AR3,
   our Fig. 23A: A major part of the figure is partly extracted from Fig. 2.22, AR3,
   our Fig. 33: Partly extracted from Fig. SPM3, AR4, and
   our figure of the back cover: Same as our Fig. 21, which is partly extracted from Fig. 2.22, AR3.

2．中央公論社には以下の再掲載許可を頂いた。
根本順吉著、超異常気象(1994年出版)、213頁の図8－12及び218頁の図8－15を本書の図13と図15として再掲載。

3．American Geophysical Union
The Union states its general rule for the permission of reproduction of figures appeared in EOS for scientific books.
Our Fig. 10 is derived from Fig. 1c on p. 481 of the paper by Pang and Yau (2002).

4．伊藤公則教授には2003年の著作、「地球温暖化：埋まってきたジグソーパズル．日本評論社」68頁図2－30の転載許可(本書の図17)を頂いた。

5．朝日新聞社及び伊藤孝士教授には，「最新地球学(1993年発行)，ザ・ミランコビッチサイクル」の215頁図5の転載(本書の図１８)許可を頂いた。

6．American Physical Society and Professor Henrik Svensmark of Danish National Space Institute in Copenhagen.
The Society states a general permission of copyright with the conditions that the grant is given by the author, and Prof. Svensmark has welcomed the reproduction in that our Fig. 14, to be derived from Marsh and Svensmark (2000).

7．Neutron Monitor database (NMDB, www.nmbd.eu) funded under the European Union's FP7 Programme (Contract No. 213007) has provided the figure of Daily-Monthly Spectra of the GCR (ISMIRAN=Almaty), Apatity NM to be reproduced as: our Figs. 15 and 30.

8．Geological Society of America states a general "Fair Use" permission of a single figure of their publication.
Our Fig. 16A is derived from Fig. 2 on p. 6 of Shaviv and Veizerl (2003).

9．Conseil European pour la Recherche Nucleaire (CERN), Geneva, Switzerland has granted a general permission that: our Fig. 16B to be derived from Fig. 17 on p. 21 of a paper by J. Kirkby (2001).

10．World Data Center for Geomagnetism, Kyoto （京都大学地磁気データセン

ター) has granted us a general permission in that: our Fig. 24 to be reproduced from the figure on page 3 of the pamphlet of its home page.

11. 九州大学博物館オンライン博物館には、「地球科学への招待」の火山噴火と気候変動頁に描かれた図の転載(本書の図25)許可を頂いた。

12. Nature Publishing Group, London has granted us the permission of license No. 3014240864795 in that: our Fig. 23B to be derived from Fig. 1 on page 218 of the Nature No. 6434, vol. 364,

13. Dr. Dennis Meadows and Donella Meadows Institute have granted us the permission in that: our Fig. 27 to be reproduced from Fig. 35 on p; 120 of Meadows et al. (1972), provided that the reproduction will follow strictly to the original figure.

14. WDC-Sunspot Index, SIDC, Royal Observatory of Belgium has granted us the permission of reproduction in that: our Fig. 29 to be reproduced from one of the diagrams of the Sunspot Index graphics, the monthly and monthly smoothed sunspot numbers.

15. Remote Sensing Systems (RSS), California, USA states a general admission of reuse of their material. Our Fig. 32 is derived from their figure of "Climatic Change from 20S to 20N, Monitoring Climatic Change in the Tropics" appeared in RSS home page 2012.

●訳者あとがき

　気候変動に関する政府間パネル（IPCC）が、その報告書（2001年, 2007年）の中で地球温暖化と、その原因としての大気中炭酸ガスへの対策の必要性を世界に訴えて以来、炭酸ガス削減への努力をすることが世界の潮流になっています。

　しかし、2001年の当初から、IPCC報告の描く地球温暖化やその主張する炭酸ガス犯人説を、少なくない科学者が疑問視していました。例えば日本では、地球科学者の90％がそうであったと指摘されています（本書138頁）。残念ながら、IPCCの強力な政治力に対してそのような意見を実際に表明する科学者は少数で、とりわけ日本ではメディアや関連省庁にまったく無視されていました。しかし2009年11月以降に、IPCC報告書のとりまとめ責任者らの恣意的なデータ操作や報告作成態度が次々と明らかになってからは、科学者らはもとより、公的機関からもIPCCの責任追及の声があがりました。

　丸山茂徳氏は2008年に本書の前身である『「地球温暖化論」に騙されるな！』を著し、IPCC報告の21世紀気候予測が、雲量の変化や、それに強く影響する宇宙線強度その他重要な気温変動支配要素を考慮に入れていないこと、さらには地球史の長い過去の気候変動記録をほとんど無視していることから誤った結論を出していると看破しました。そして地球の歴史に学び、地質学、古気候学、宇宙物理学、天文学等の分野にかかわるすべての気候変動支配要素を総合的に解析すべく、多分野横断型の共同研究プロジェクトを実施し、その結果、21世紀の地球は温暖化ではなく寒冷化に向かうことを明確に示しました。

　本書は上記の『「地球温暖化論」に騙されるな！』を、著者と相談しつつ大幅に改定した英語版「Approaching Crisis of Global Cooling and the Limits to Growth – Global Warming is not Our Future」（Masaru Yoshida and Vernon

Spencer訳, 2011, 米国, Xlibris社)を、著者の示唆を受けて日本語に逆翻訳したものです。

　逆翻訳に当たっては、英語原本の章・節構成をかなり変更し、原著者に新たに「21世紀の気候変動」を第1章として書き加え、また、エピローグを補足して頂きました。これらのいろいろな改定のために、挿図や文献と本文説明の正確な整合性に問題を残したところがあるもしれません。それらはすべて訳者の責任です。

　なお、2009年以降に本書の主題に関係する重要な会議や事件がありました。2010年から2013年にかけてCOP16〜19が行われ、地球温暖化に関する国際協調体制に若干の変化がありました。また、2013年9月にはIPCC第5次評価報告第一部会報告書が公表されました。一方、2011年3月には東日本大震災と福島原発事故がありました。またオイルシェールやメタンハイドレートの発見と実用化等についての進展がありました。残念ながら本書ではこれらの重要な事件や会議については脚注等で簡単に触れることしかできませんでした。

　しかし、それら最近の重要な問題を抜きにしても、本書全体を貫く地球温暖化論と炭酸ガス犯人説への拒絶、人口爆発、地球資源涸渇と地球環境汚染増大への正しい理解と強い危機感、自然現象を自然から学ぶべき心構えの必要性、自然を理解するための総合科学としての地球科学の特徴と重要性の強調など、本書の日本語原本を私が初めて手にしたときの感動を、十分に価値あるものとして本書でお伝えできると信じます。

吉田　勝
2014年12月

索引

【数字・アルファベット】

21世紀　　i, ii, 3, 5, 10, 11, 16, 32, 38, 66, 110, 111, 120, 137, 140, 144, 149
21世紀の気候変動　　3
21世紀の気候変動予測　　66
2020年問題　　iv, 140
CO_2　　22, 24, 45, 138, 139
Dansgaard, W.　　142
Dyson　　139
Earthfiles　　7
Eddy, J.A.　　142
Emanuel, K.　　142
EU　　40, 41, 116
Fuller, N.　　142
GCM　　10, 32, 33, 34, 35, 36
Hathaway　　7
IPCC　　i, ii, iii, iv, v, vi, vii, 3, 9, 11, 13, 15, 16, 17, 18, 19, 20, 21, 22, 23, 24, 25, 27, 28, 30, 31, 32, 33, 34, 37, 38, 39, 45, 46, 47, 48, 50, 66, 68, 70, 71, 74, 84, 137, 138, 139, 142, 143, 146, 149
IPCC, 2007　　15, 20
IPCC報告　　ii, iii, vii, 13, 16, 17, 18, 19, 21, 22, 23, 38, 46, 68, 74, 139, 149
Maruyama　　94, 124, 144
Meadows　　37, 110, 140, 144, 148
NIPCC（Non-Governmental International Pannel for Climatic Change）　　139
Nongovernmental International Panel on Climate change (NIPCC)　　143
Oppo, D.W.,　　144
Shaviv, Nir J.　　145
Stouffer, R.J.　　145

【ア行】

アイス・アルベト　　24, 33
赤祖父俊一　　142
浅い海　　128, 129
朝日新聞　　ii, 91, 140, 147
アジア大陸　　11, 89
アスファルト　　101, 102, 103
アフリカ　　37, 65, 88, 131, 132, 133
アメリカ　　12, 133, 136, 139
荒川昭雄　　33
アラブ連合　　122
アラル海　　134
アルゴン　　45
アルベド　　4, 24, 49, 51
アレグレ　　111
アレニウス　　20
生駒大洋　　46
異常気象　　vii, 3, 11, 12, 18, 45, 86, 87, 134, 144, 147
いたいいたい病　　36
遺伝子　　124, 131, 134
田舎　100
移民　89, 119
隕石　125
インターネット　　8, 19, 87, 139
インド　　12, 36, 41, 65, 89, 116
宇宙　　39, 58, 70, 99, 112, 124, 125, 136
宇宙線　　3, 4, 8, 23, 33, 34, 35, 39, 50, 58, 61, 62, 65, 66, 68, 72, 80, 99
宇宙線強度　　i, 8, 32, 58, 62, 63, 67, 68, 76, 92, 149
宇宙線照射強度　　iii, iv, v
宇宙物理学　　66, 98, 149
海　　35, 44, 49, 56, 91, 93, 118, 127, 128, 130
ウラニウム　　122

ヴルム　　　　　　　　　　77, 78
雲核　49, 50, 58
雲核形成　　　　　　　　　　　58
雲量　　　i, iii, 3, 23, 24, 32, 39, 58, 63,
　　92, 93, 149
雲量変化　　23, 24, 32, 33, 34, 35, 92
エアロゾル　　　　　　　　23, 50, 63
永久凍土　　　　　　　　　　18, 25
衛星観測　　　　　　　　　24, 54, 87
疫病　18
江戸時代　　　　　　　　85, 119, 136
エネルギー削減　　　　　　　　　41
エネルギー資源　　　　　　41, 122, 136
エネルギー問題　　　　　　　　iv, 74
エル・チチョン　　　　　　　　　49
オイルショック　　　　　　　　　41
欧州連合(EU)　　　　　　　　　115
欧米諸国　　　　　　　　42, 115, 120
大型生物　　　　　91, 106, 130, 133, 134
大型動物　　　　　　　　　　108, 133
大型発電所　　　　　　　　　　123
オーストラロピテクス　　　　　76, 132
大手町　　　　　　　　　　　　18
大森貝塚　　　　　　　　　　　78
オーロラ　　　　　　　　　　4, 54
オーロラ観測記録　　　　　　　　54
オゾン　　　　　　　　　　　　45
オゾン層　　　　　　　　　　　130
オバマ　　　　　　　　　　　118
温室　44
温室効果　　　　　　21, 44, 46, 65, 101
温室効果ガス　　3, 14, 15, 17, 18, 19, 20, 23,
　　25, 31, 39, 40, 44, 45, 46, 50, 64, 65,
　　68, 101
温室効果ガス削減技術　　　　　　42
温暖化　　　　i, ii, iii, iv, v, vi, vii, viii, 1, 3,
　　4, 8, 13, 14, 15, 16, 17, 18, 19, 20, 21,
　　22, 23, 25, 27, 30, 32, 33, 36, 37, 38,
　　39, 40, 41, 42, 44, 50, 51, 58, 64, 66,
　　68, 69, 70, 71, 72, 73, 74, 75, 78, 80,
　　81, 84, 85, 86, 87, 88, 90, 91, 92, 93,
　　98, 100, 104, 115, 117, 118, 119, 120,
　　123, 126, 134, 137, 138, 139, 140,
　　142, 143, 144, 147, 149
温暖化ガス　　　　　　　　iv, 3, 4, 14
温暖化対策　　　ii, v, 13, 14, 19, 40, 42, 115,
　　117, 120, 138
温暖化の原因　　ii, iii, 18, 20, 23, 30, 38, 58
温暖化の要因　　　　　　　　　　v
温暖期　　　　20, 21, 30, 51, 57, 78, 81, 83,
　　84, 88, 91

【カ行】

海岸平野　　　　　　　　　　　16
海溝　129
海進　78, 87
海水　9, 10, 15, 16, 19, 22, 25, 26, 49, 50,
　　65, 78, 86, 91, 102, 106, 127, 128,
　　129, 130, 133, 134
海水温　　　　　　　　　　49, 50, 91
海水準変動　　　　　　　　　　　9
海水組成　　　　　　　　　106, 134
海水の化学組成　　　　　　91, 130, 133
海水面　　　　9, 10, 15, 16, 19, 22, 78, 91
海水面上昇　　　　　　　　16, 19, 22, 78
海退　78
開発途上国　　　　　　　　　42, 116
開発途上諸国　　　　　　　　　　37
海氷面積　　　　　　　　　　　24
外部コア　　　　　　　　　　　96
海陸分布　　　　　　　　　　　i
海流　26, 61, 86
海流系　　　　　　　　　　　　86
科学　ii, iii, iv, vi, vii, viii, ix, 3, 6, 13, 14, 16,
　　17, 21, 22, 36, 37, 38, 40, 42, 46, 50,
　　57, 65, 66, 69, 70, 71, 72, 73, 80, 86,
　　87, 92, 93, 94, 95, 98, 99, 106, 107,
　　108, 112, 113, 114, 115, 122, 123,
　　124, 125, 126, 127, 131, 136, 138,
　　139, 140, 141, 148, 149
科学技術庁　　　　　　　　　　113
科学者　　　ii, iii, iv, vi, viii, 3, 6, 17, 21,
　　22, 37, 38, 42, 46, 50, 65, 66, 69, 70,
　　71, 73, 80, 94, 99, 106, 107, 138, 139,

索引　153

140, 141, 149	
科学者共同体	ii, 3
科学者の倫理	140
化学物質	104
各国政府	17, 22
核物理学	66, 99
核融合	98, 99, 123
核融合エネルギー	123
核融合反応	98
花崗岩	127, 128
過去の気候	iii, 28, 29, 30, 32, 35, 76, 78, 149
火山活動	i, viii, 3, 32, 56, 58, 63, 68, 95
火山灰	49, 63
火山噴火	49, 64, 143, 148
火星	21, 128, 144
火星大気	21
化石	14, 23, 35, 49, 50, 83, 91, 120, 121, 123, 131, 132, 140
化石燃料	14, 23, 49, 50, 83, 120, 123, 140
化石燃料消費	23, 50
家畜	41, 108, 118, 136, 137
荷電粒子	99
カナダ	40, 41, 70, 116, 128
花粉分析	35
火力発電	41
ガリレオ	39, 71
環境汚染	104, 110
環境行政	17
環境省	vii, 18, 19, 38, 42, 143
環境税	116
環境制御	iii
環境政策	iv
環境ビジネス	42, 43
環境問題	iv, ix, 42, 43, 74, 104, 108, 131, 137
緩衝作用	vii, 24, 25, 26, 27, 33
旱魃	13, 135
間氷期	viii, 27, 76, 77, 78, 133
官僚	74, 115, 118
寒冷化	i, ii, iii, iv, vi, vii, viii, ix, 1, 3, 4, 10, 11, 12, 23, 38, 39, 63, 68, 72, 76, 78, 80, 81, 84, 85, 87, 89, 90, 92, 93, 100, 104, 118, 119, 120, 133, 135, 137, 140, 149
寒冷化の予兆	vii, 11, 12
寒冷化予測	10
気温曲線	30
気圏	96
気候変動研究	v, viii, 98, 100
気候変動に関する政府間パネル	i, ii, 13, 17, 21, 149
気候変動に関する枠組み会議	22
気候変動モデル	32, 33
気候変動予測	34, 35, 66
技術開発	92, 103
気象学	v, vi, 34, 48, 98
気象観測網	86
気水圏	15
北半球	16, 25, 27, 56, 86, 87
教育	72, 112, 113, 114, 115
共同研究	viii, 66, 94, 98, 99, 100, 149
京都議定書	vii, 13, 14, 23, 36, 39, 40, 41, 42, 43, 116
京都大学	93, 147
恐竜	90
共和党	13
極地域	16, 24, 26
近代科学	108
近代文明	108
クエート	122
雲形成機構	32
雲の形成機構	24
暗い太陽のパラドックス	viii, 21, 64, 65
グリーン・ニューディール	118
グリーンランド	15, 16, 20, 65, 81, 128
クリントン	13
経済活動	40
経済成長	42
経団連	117
原核生物	124
研究領域	70
原始海洋	128
原子核分裂	123

原始地球	127
原子力発電	110, 123
原生代	27
原爆実験	37
コア	30, 35, 57, 61, 70, 81, 96
小泉格・安田喜徳	143
高緯度地方	25
豪雨	18
黄河	130, 134
工業	42, 46, 66, 71, 84, 98, 99, 100, 108, 114, 115, 116, 118, 119, 125
工業化	114, 115
工業国	100
硬骨格生物	127, 129
洪水	18
降雪量	16, 86
公転軌道	55
コールドプルーム	96, 129
古海水	65
古気候	66
古気候学	66, 98, 149
古気候記録	34
国際自然保護連合	133
国際枠組	36
黒点観測記録	54
黒点数	4, 6, 20, 52, 54, 99
国連環境計画	133
古生代	90, 127, 130
固体地球	15, 61, 96, 127
古代文明	36
国家戦略	40
コペルニクス	71
ごみの分別	117
古文書	54
御用学者	115, 140
コンクリート	101, 102, 103
コンピュータグラフィック	14
コンピュータシミュレーション	23, 24, 30, 32, 35

【サ行】

細分化	vi, 74, 94
削減割り当て量	37
査読	17, 22, 38, 139
砂漠	18, 36, 88, 92, 134
砂漠化	18, 88, 92, 134
サブダクション	95
産業革命	14, 84, 108, 109, 115, 133, 136
酸素	20, 30, 35, 44, 45, 101, 128, 129, 130
酸素欠乏	130
シエールオイル	121
ジェット気流	11, 12
紫外線	128, 130
資源	i, iv, ix, 37, 41, 43, 107, 108, 110, 111, 116, 121, 122, 123, 135, 136
資源涸渇	i
市場	42, 117, 122
市場資本主義	117
地震活動	95
地震波トモグラフィー	94, 95, 98
自然界	vii, 25, 111, 124
自然源炭酸ガス	47, 48, 49
自然周期	74
自然変動	v, 32
自然要因	31, 32
持続可能社会	111
自治体	39, 117
自転軸	56
シミュレーション	23, 24, 30, 31, 32, 33, 34, 35, 65
社会学	125
シャックルトン	20, 21
宗教	iii, 72, 112
小規模発電	103
聖徳太子	89
小氷期	6, 30, 80, 140
縄文海進	78, 87
将来予測	35
植生	35, 81, 88, 92, 101, 103
食糧危機	119
食糧自給率	120
食糧生産	136

索引　155

食糧不足　　　80, 119, 120, 123, 133, 135, 136
人為二酸化炭素ガス　　　ii
新エネルギー　　　ii, ix, 42, 120
深海　26, 128, 129, 130
深海堆積物　　　130
真核生物　　　124
進化論　　　37, 71
人工衛星　　　iii, 4, 6, 10, 24, 54, 92, 93, 99
人口過剰　　　136
人口減少　　　120, 137
人口削減　　　135, 136
人口縮小　　　ii, ix, 135
人口増加　　　iv, 120, 133, 134
人口の異常爆発　　　134
人口爆発　　　i, ix, 37, 43, 107, 118, 119, 124, 131
人口抑制　　　137
新物質　　　103, 104, 105, 106, 107, 135
森林　　　18, 41, 108, 136, 137
森林火災　　　18
森林消失　　　18
人類　　　i, iv, v, viii, ix, 1, 13, 14, 15, 16, 17, 18, 19, 22, 27, 30, 31, 33, 35, 36, 37, 43, 45, 49, 50, 63, 74, 76, 77, 80, 83, 84, 85, 88, 89, 90, 91, 92, 93, 95, 104, 106, 107, 108, 109, 111, 112, 119, 120, 121, 122, 123, 124, 125, 126, 127, 130, 131, 132, 133, 134, 135, 136, 137, 140
人類活動　　　22, 31, 50, 84
人類史　　　43, 108, 111
人類社会　iv, 14, 17, 18, 19, 27, 33, 107, 120, 122, 123, 125
人類の誕生　　　127, 131
人類文明　　　84
水圏　　　15, 96
水蒸気　　　4, 15, 16, 18, 24, 25, 26, 39, 44, 45, 46, 91
水蒸気濃度　　　25
水没　16
数値計算　　　10

数値目標　　　40, 41, 116, 118
スーパーコンピュータ　　　vii, 25, 33, 34, 89
スーパープルーム　　　95, 96, 127, 129, 130
数理気象学　　　v, 34
スカンジナビア　　　89
杉の年輪　　　4
スターバースト　　　65, 66
スノーボールアース　　　27, 65
スベンスマーク　　　4, 23, 58, 65, 66
政策決定　　　ii, 38, 115
政策決定者　　　ii, 38
政治　　　ii, iv, vii, 36, 37, 41, 42, 73, 74, 103, 118, 120, 125, 135, 149
政治家　　　ii, iv, 74, 118
政治学　　　125
成層圏　　　49, 63
成長の限界　　　viii, ix, 94, 107, 111, 135
生物種　　　84, 91, 93, 107, 133, 134
生物多様性　　　90, 104, 106, 134, 144
生物の進化　　　v, 130
生物の歴史　　　112
生命体　　　112, 125, 129
生命の進化　　　95, 127
セーガン　　　14, 21
世界気象機構　　　21
石炭　14, 91, 110, 122, 123
脊椎動物　　　90, 106, 130
赤道域　　　25, 26
石油　　　ix, 14, 74, 91, 108, 110, 118, 120, 121, 122, 123, 136, 140
石油価格　　　121, 122
石油埋蔵量　　　110
石器　132
絶滅危惧種　　　108
浅海　　　127, 128, 130
全球凍結　　　27, 65
先進国　　　40, 42, 84, 105, 136
先進諸国　　　37, 116
全体主義　　　40
専門化　　　70, 94
専門領域　　　70, 98
戦略　　　ix, 19, 40, 73, 115, 116, 118

総合的　　　　　i, ii, v, vi, 66, 74, 114, 149
造山運動　　　　　　　　　　　　　95
外核　　　　　　　　　　61, 62, 96

【タ行】

ダーウイン　　　　　　　　　　71, 90
第2次世界大戦　　　　　　　　　　73
第3回気候変動に関する政府間パネル　13
第3次報告　　　　　　　　　　　　22
第4次報告　　ii, 17, 22, 23, 30, 31, 139
第5次評価報告　　　　　　　　　　22
大化の改新　　　　　　　　　　89, 135
大気　　　　i, iii, iv, 3, 8, 13, 14, 15, 16, 18,
　　　19, 20, 21, 22, 23, 24, 25, 26, 27, 28,
　　　30, 32, 34, 36, 44, 45, 46, 49, 50, 58,
　　　63, 65, 66, 68, 72, 74, 86, 87, 91, 96,
　　　121, 128, 129, 130, 149
大気圏　　　　　　　　　　　　15, 130
太古代　　　　　　　　　　　　　　21
第三紀　　　　　　　　　　　　　　76
堆積物　　　　　　　30, 35, 57, 65, 81, 130
代替エネルギー　　　　　　　　　136
大都市　　　　　　　　　　16, 100, 101
台風　　　　　　　　　　16, 18, 86, 87
太平洋スーパープルーム　　127, 129, 130
太平洋戦争　　　　　　　　　　　119
太陽エネルギー　　viii, 20, 21, 26, 35,
　　　44, 49, 51, 52, 54, 55, 56, 63, 64, 65,
　　　66, 93, 96, 98, 99, 101, 122, 123, 128,
　　　136, 137
太陽活動　　　　i, iii, v, vii, 3, 4, 5, 6,
　　　7, 8, 14, 20, 21, 22, 32, 39, 50, 52, 54,
　　　55, 58, 61, 62, 63, 66, 67, 68, 72, 74,
　　　76, 80, 86, 119, 139, 140
太陽活動度　　　　　　6, 8, 32, 39, 54, 55
太陽活動の極小期　　　　　　　7, 140
太陽輝度　　　　　　　　　　　　　21
太陽系　　　　　　　　　　　35, 70, 125
太陽黒点最小期　　　　　　　　　　4
太陽黒点数　　　　　　　　　20, 52, 54
大洋底堆積物　　　　　　　　　　30
太陽熱　　　　　　　　　　　　　　44

太陽風　　　　　　　　　　　　54, 58
太陽物理学　　　　　　　　　　6, 139
太陽プラズマ　　　　　　　　　61, 62
大陸の形成　　　　　　　96, 127, 128, 129
大量絶滅　　90, 96, 124, 125, 127, 130, 133,
　　　134
大気組成　　　　　　　　　　i, 15, 20
多細胞　　　　　　　　　　　90, 91, 124
多数決　　　　　　　　　　　　　　38
竜巻　　　　　　　　　　　　　　　13
多分野共同研究　　　　　　　　　　98
単細胞　　　　　　　　　　　　91, 124
炭酸ガス濃度　　22, 23, 27, 46, 47, 48, 49,
　　　50, 65, 101
炭酸ガス排出量　　13, 18, 40, 41, 42, 43,
　　　116, 117
炭酸ガスマーケット　　　　　　　71
炭酸ガス溶解度　　　　　　　　49, 50
^{14}C同位体　　　　　　　　　　　4
炭素同位体比　　　　　　　　　30, 35
地域性　　　　　　　　　　　　34, 36
地学　　　　　　　　　　　　iii, 114
地球温暖化　　i, ii, iii, iv, v, vi, vii, viii, 1, 8,
　　　13, 14, 15, 16, 17, 18, 19, 21, 23, 25,
　　　30, 32, 33, 36, 37, 38, 39, 40, 41, 42,
　　　44, 50, 51, 58, 64, 66, 68, 69, 70, 71,
　　　72, 73, 74, 75, 81, 84, 85, 86, 87, 91,
　　　93, 98, 100, 104, 115, 117, 118, 120,
　　　123, 134, 137, 138, 139, 140, 142,
　　　143, 144, 147, 149
地球温暖化狂想曲　　　　　　　18, 73
地球温暖化論　　vi, 69, 70, 73, 81, 87, 139,
　　　142, 149
地球環境問題　　　　　　iv, 42, 43, 108
地球寒冷化　　ii, viii, 1, 38, 63, 68, 81,
　　　84, 87, 89, 93, 104, 118, 135, 137
地球気候変動モデル　　　　　　32, 33
地球圏外　　　　　　　　　　　　131
地球史　　i, 76, 77, 90, 91, 92, 94, 127, 130,
　　　131, 133, 149
地球資源　　　　　　　　　　　　108
地球システム　　　　i, ii, viii, 94, 96, 98

地球史大事件	131
地球深部	61, 95, 96
地球大気	3, 13, 14, 19, 21, 30, 32, 45, 58, 65
地球大気－海洋循環モデル	32
地球の緩衝作用	25, 26, 27
地球の軌道要素	3
地球の歴史	65, 80, 84, 90, 93, 124, 125, 126, 127, 130, 131, 132, 133, 134, 144, 149
地球物理学	55, 94
地球惑星科学	66, 138
地球表層環境	131
地磁気	i, iii, v, 3, 32, 33, 34, 35, 39, 57, 58, 61, 62, 63, 66, 68, 72, 76, 96, 147
地質	i, v, vi, 21, 34, 65, 66, 76, 94, 95, 98, 99, 134, 149
地質学	v, vi, 21, 34, 66, 76, 94, 95, 98, 99, 134, 149
地質学者	v, 98
地質学的記録	34
地上植物	24
地層	v
窒素ガス	44, 45
地動説	71
地表温度	26
チベット	118, 119
中央アジア	88
中国	12, 40, 41, 116, 118, 119
中世温暖期	30, 83
中生代	90, 127, 130
超新星爆発	133
超大陸	96, 127, 129, 130
チンギスカン	135
通産省	42
槌田敦	48
低緯度地域	16
低エネルギー	41
低温水	26
データ操作	vii, 23, 28, 30, 74, 149
哲学	ix, 112, 113, 114, 115, 125
天体力学	57, 72
天動説	39
天然ガス	41, 122
天文学	vi, 98, 99, 114, 149
ドイツ	41, 69, 88, 89, 92, 138
東欧諸国	116
東京工業大学	46, 66, 71, 98, 99, 100
東京大学	113
島嶼	16, 18, 54
東北地方	89, 119
都市プラニング	102, 104

【ナ行】

内陸湖	130
南極海	26
南極大陸	16
南極氷床	16, 20
二酸化炭素	i, ii, iii, iv, v, vii, viii, 19, 44, 45, 63, 71, 72, 73, 74, 114, 135
二酸化炭素犯人説	iv, vii, viii, 19, 44, 71, 72, 73, 114
二酸化炭素排出量	ii
西南極	15, 16
日本政府	40, 102, 115, 116, 117, 136
人間の歴史	112, 126
熱水	130
熱帯雨林	137
熱波	18
根本順吉	48, 144, 147
年輪幅	28, 29, 30
農	84, 87, 91, 92, 100, 118, 119, 125, 134
農業国	100
農業生産	87, 91, 118
農業用水	134
ノーベル平和賞	18, 37

【ハ行】

バイオマス	122, 123
バイオマス発電	123
排気ガス	36, 101, 121
排出量取引	41, 42
パキスタン	12

白亜紀	76, 91
バクテリア	24, 105
ハザウエイ	7
排出量	ii, v, 13, 18, 19, 31, 40, 41, 42, 43, 116, 117
パタゴニア	13
ハリケーン	13, 16, 17, 18, 86, 87
ハワイ	46, 53, 54
晩婚	136
ハンティントン	126
ヒートアイランド	viii, 74, 100, 101, 102, 103, 104
東アングリア大学	139
東北太平洋大震災時	140
東ヨーロッパ	41
光合成	27, 101, 128, 129
樋口啓二	80
ビジネス	42, 43, 71, 104, 117
微生物	106, 107, 108
ピナツボ火山	63
ヒマラヤ	89, 139
ヒマラヤの氷河	139
氷河	viii, 9, 13, 16, 45, 76, 80, 85, 86, 87, 130, 133, 139
氷期	viii, 6, 27, 30, 63, 76, 77, 78, 80, 84, 133, 140
氷床	9, 15, 16, 18, 20, 27, 30, 35, 57, 76, 78, 81, 91
氷床コア	30, 35
氷床後退	18
氷床量	16
深尾研究室	95, 98
深尾良夫	94
福島第一原発事故	140
不都合な真実	14, 142
ブッシュ	13, 14
物理学	vi, 6, 37, 48, 55, 66, 94, 98, 99, 139, 149
ブラックホール	99
プランクトン	27
プルームテクトニクス	94, 96, 98, 128
プレート	95, 96, 127, 128
プレートテクトニクス	95, 96, 127, 128
文明	36, 77, 83, 84, 108, 134, 136, 143, 145
平均海水温	91
平均気温	i, iii, vii, 3, 4, 5, 9, 10, 16, 36, 53, 87, 137, 139
米国	6, 7, 13, 14, 21, 40, 41, 69, 73, 80, 92, 93, 115, 116, 118, 139, 150
米国議会	40
米国政府	13, 14
米国大統領	13
北京	12, 118, 133
偏西風	12
暴走	iv, 24, 25, 27, 33
暴走効果	25
牧草地	108, 136
北米大陸	11
北極海	12
ホッケースティック	29, 139
哺乳類	108, 133
ホモサピエンス	132

【マ行】

マイヤーズ	108
マウンダー	4, 6
マグマ	63, 127, 128
マグマの海	127
マスコミ	viii, 72, 73
マスメディア	18
丸山茂徳	144, 149
マン	28, 30, 32
マントル	61, 95, 96, 127, 128, 129
水と空気の汚染	v, viii, 104
ミトコンドリア	131
水俣病	36
南半球	56, 86
ミランコビッチ	iii, viii, 3, 54, 55, 57, 143, 147
民主主義	38, 73, 114
民族移動	89
民族大移動	viii, 87, 88
昔の大気組成	20

明治維新	136		【ラ行】	
明治時代	102, 113	理学流動機構	66, 99, 144	
メキシコ湾	86, 121	陸	i, 9, 11, 16, 18, 27, 44, 56, 78, 86, 89, 91, 95, 96, 118, 121, 127, 129, 130, 133	
メキシコ湾流	86			
メタン	20, 25, 40, 41, 44, 65, 105, 110, 121			
メタンガス	41	陸地面積	91, 129, 130	
メタンハイドレート	25, 110, 121	離心率	55	
メディア	iv, 18, 69, 72, 73, 74, 87, 92, 118, 149	リフトバレー	131	
		ルイセンコ	37	
メドウス	109	レアメタル	110	
モスクワ	12	冷夏	12, 118	
モンゴロイド	88, 133	霊長類	108	
有機水銀	36	ローマクラブ	iv, 37, 110, 111, 123, 137	
		ロンドン	87, 103, 104, 123, 135	
【ヤ行】			【ワ行】	
油田 121		惑星	v, 21, 55, 66, 125, 127, 128, 138	
溶岩 65		惑星力学	55	
揚子江	130			
要素還元主義	70, 114			
四日市喘息	36			
予防原則	36			

原著者略歴

丸山 茂徳（まるやま・しげのり）
1949年徳島県生まれ。徳島大学卒業後、金沢大学、名古屋大学で学び、米スタンフォード大学、東京大学などを経て1993年より東京工業大学教授。地球惑星科学専攻で、地球のマントル全体の動きによりダイナミックな地球像を明らかにした「プルームテクトニクス」理論は学会に衝撃を与え、日本地質学会賞や紫綬褒章を受賞。主な著書には「46億年地球はなにをしてきたか？」（岩波）、ココロにのこる科学のおはなし」（教研出版）、「火星の生命と大地46億年」（講談社）「Superplumes: Beyond Plate Tectonics」(Springer)、「The Earth System and the Evolution of Life」(Springer)、など。最近は地球環境や、原発事故問題などの一般向け教養書も多く著している。

翻訳者略歴

吉田 勝（よしだ・まさる）
1937年東京生まれ。北海道大学卒業後第10次日本南極観測隊で越冬観測、1971年より大阪市立大学地学教室助手を経て1991年〜2001年教授。現在はゴンドワナ地質環境研究所会長、ネパール国立トリブバン大学名誉教授。国際学術誌Gondwana Researchを創刊し、IGCP－368（国際地質学連合／ユネスコ共催事業）のリーダーを務めるなど、ゴンドワナ地学研究の進展に尽力。主な著編書には「Proterozoic East Gondwana: Supercintent Assembly and Breskup」(Geological Society, London)、「Guidebook for Himalayan Trekkers Ser. 2, Ecotrekking in the Everest Region, Eastern Nepal」(Tribhuvan University, Kathmandu)、「ヒマラヤ造山帯大横断」（フィールドサイエンス出版）などがある。

21世紀地球寒冷化と国際変動予測

2015年4月11日　初版　第1刷発行　　　　　〔検印省略〕
定価はカバーに表示してあります。

原著者Ⓒ丸山茂徳／訳者 吉田 勝／発行者 下田勝司　　　印刷・製本／中央精版印刷

東京都文京区向丘 1-20-6　　郵便振替 00110-6-37828　　　発行所
〒113-0023　TEL (03) 3818-5521　FAX (03) 3818-5514　　株式会社 東信堂

Published by TOSHINDO PUBLISHING CO., LTD.
1-20-6, Mukougaoka, Bunkyo-ku, Tokyo, 113-0023, Japan
E-mail : tk203444@fsinet.or.jp　　http://www.toshindo-pub.com

ISBN978-4-7989-1293-6 C1040　Ⓒ YOSHIDA, Masaru

東信堂

宰相の羅針盤——総理がなすべき政策	村上誠一郎＋21世紀戦略研究室	一六〇〇円
福島原発の真実（改訂版）日本よ、浮上せよ！　このままでは永遠に収束しない　まだ遅くない——原子炉を「冷温密封」する！	村上誠一郎＋原発対策国民会議	二〇〇〇円
3・11本当は何が起こったか：巨大津波と福島原発——科学の最前線を教材にした暁星国際学園「ヨハネ研究の森コース」の教育実践	丸山茂徳監修	一七一四円
21世紀地球寒冷化と国際変動予測	丸山茂徳・吉田勝信・前嶋和弘編著	二〇〇〇円
2008年アメリカ大統領選挙——オバマの勝利は何を意味するのか	前嶋和弘編著	二六〇〇円
オバマ政権はアメリカをどのように変えたのか——支持連合・政策成果・中間選挙	吉野孝・前嶋和弘編著	二四〇〇円
オバマ政権と過渡期のアメリカ社会——選挙、政党、制度メディア、対外援助	吉野孝編著	二五〇〇円
オバマ後のアメリカ政治——二〇一二年大統領選挙と分断された政治の行方	前嶋和弘	二六〇〇円
北極海のガバナンス	城山英明編著	三六〇〇円
政治学入門	内田満	一八〇〇円
政治の品位	内田満	二〇〇〇円
「帝国」の国際政治学——冷戦後の国際システムとアメリカ	山本吉宣	四七〇〇円
新版　日本型移民国家への道	坂中英徳	二四〇〇円
新版　世界と日本の赤十字——世界最大の人道支援機関の活動	森桝正孝	二四〇〇円
解説　赤十字の基本原則——人道機関の理念と行動規範（第2版）	J・ピクテ　井上忠男訳	一六〇〇円
赤十字標章の歴史——日本政治の新しい夜明けはいつ来るか	F・ブニョン　井上忠男訳	一〇〇〇円
赤十字標章ハンドブック——人道のシンボルをめぐる国家の攻防	井上忠男編訳	六五〇〇円
解説　赤十字の基本原則	松村直編著	一〇〇〇円
震災・避難所生活と地域防災力——北茨城市大津町の記録	都城秋穂	三六〇〇円
都城の歩んだ道：自伝〔地質学の巨人　都城秋穂の生涯〕	都城秋穂	三六〇〇円
地球科学の歴史と現状	都城秋穂	二九〇〇円

〒113-0023　東京都文京区向丘1-20-6　TEL 03-3818-5521　FAX03-3818-5514　振替 00110-6-37828
Email tk203444@fsinet.or.jp　URL:http://www.toshindo-pub.com/

※定価：表示価格（本体）＋税

東信堂

国際法新講〔上〕〔下〕	田畑茂二郎	〔上〕二九〇〇円 〔下〕二七〇〇円
ベーシック条約集 二〇一五年版	編集代表 田中・薬師寺・坂元	二六〇〇円
ハンディ条約集	編集代表 松井・薬師寺・坂元	一六〇〇円
国際環境条約・資料集	編集代表 松井・富岡・田中・薬師寺・坂元・高村・西村	三八〇〇円
国際人権条約・宣言集〔第3版〕	編集 松井・薬師寺・小畑・徳川	三三〇〇円
国際機構条約・資料集〔第2版〕	編集 香西・安藤	三八〇〇円
判例国際法〔第2版〕	編集代表 松井芳郎	三八〇〇円
国際環境法の基本原則	松井芳郎	三八〇〇円
国際民事訴訟法・国際私法論集	髙桑昭	六五〇〇円
国際機構法の研究	中村道	八六〇〇円
条約法の理論と実際	坂元茂樹	四二〇〇円
国際立法——国際法の法源論	村瀬信也	六八〇〇円
日中戦後賠償と国際法	浅田正彦	五二〇〇円
国際法〔第2版〕	浅田正彦編著	二九〇〇円
小田滋・回想の海洋法	小田滋	七六〇〇円
小田滋・回想の法学研究	小田滋	四八〇〇円
国際法と共に歩んだ六〇年——学者として 裁判官として	小田滋	六八〇〇円
21世紀の国際法秩序——ポスト・ウェストファリアの展望	R・フォーク 川崎孝子訳	三八〇〇円
国際法から世界を見る——市民のための国際法入門〔第3版〕	松井芳郎	二八〇〇円
国際法/はじめて学ぶ人のための〔新訂版〕	大沼保昭	三六〇〇円
国際法学の地平——歴史、理論、実証	寺谷広司編著	一二〇〇〇円
核兵器のない世界へ——理想への現実的アプローチ	中川淳司編著	二三〇〇円
軍縮問題入門〔第4版〕	黒澤満	二五〇〇円
ワークアウト国際人権法——人権を理解するために	黒澤満編著	三〇〇〇円
難民問題と『連帯』——EUのダブリン・システムと地域保護プログラム	W・ベネデェック編 中坂・徳川編訳	二八〇〇円
難民問題のグローバル・ガバナンス	中山裕美	三三〇〇円

〒113-0023 東京都文京区向丘1-20-6
TEL 03-3818-5521 FAX 03-3818-5514 振替 00110-6-37828
Email tk203444@fsinet.or.jp URL:http://www.toshindo-pub.com/

※定価：表示価格（本体）＋税

東信堂

豊田とトヨタ――産業グローバル化先進地域の現在	山岡亮一・丹辺宣彦・山口博史編著	四六〇〇円
社会階層と集団形成の変容――集合行為と「物象化」のメカニズム	丹辺宣彦	六五〇〇円
日本コミュニティ政策の検証――自治体内分権と地域自治へ向けて	山崎仁朗編著	四六〇〇円
現代日本の地域分化――センサス等の市町村別集計に見る地域変動のダイナミックス	蓮見音彦	三八〇〇円
地域社会研究と社会学者群像――社会学としての闘争論の伝統	橋本和孝	五九〇〇円
組織の存立構造論と両義性論――社会学理論の重層的探究	舩橋晴俊	二五〇〇円
「むつ小川原開発・核燃料サイクル施設問題」研究資料集	茅野恒秀・舩橋晴俊編著	一八〇〇〇円
新版 新潟水俣病問題――加害と被害の社会学	飯島伸子・舩橋晴俊編	三六〇〇円
新潟水俣病をめぐる制度・表象・地域	関礼子	四八〇〇円
新潟水俣病問題の受容と克服	堀田恭子	五六〇〇円
公害被害放置の社会学――イタイイタイ病・カドミウム問題の歴史と現在	藤川賢・渡辺伸一・舩橋晴俊編	三八〇〇円
階級・ジェンダー・再生産――現代資本主義社会の存続メカニズム	鎌田とし子・鎌田哲宏・舩橋俊子編	三二〇〇円
市民力による知の創造と発展――身近な環境に関する市民研究の持続的展開	萩原なつ子	三二〇〇円
自立支援の実践知――阪神・淡路大震災と共同・市民社会	似田貝香門編	三八〇〇円
[改訂版] ボランティア活動の論理――ボランタリズムとサブシステンス	西山志保	三六〇〇円
自立と支援の社会学――阪神大震災とボランティア	佐藤恵	三二〇〇円
個人化する社会と行政の変容――情報、コミュニケーションによるガバナンスの展開	藤谷忠昭	三八〇〇円
《大転換期と教育社会構造：地域社会変革の社会論的考察》		
第1巻 教育社会史――日本とイタリアと	小林甫	七八〇〇円
第2巻 現代的教養Ⅰ――生活者生涯学習の地域的展開	小林甫	六八〇〇円
第3巻 現代的教養Ⅱ――技術者生涯学習の生成と展望	小林甫	六八〇〇円
第4巻 学習力変革――地域自治と社会構築	小林甫	近刊
社会共生力――東アジアと成人学習	小林甫	近刊

〒113-0023 東京都文京区向丘1-20-6　TEL 03-3818-5521　FAX 03-3818-5514　振替 00110-6-37828
Email tk203444@fsinet.or.jp　URL:http://www.toshindo-pub.com/

※定価：表示価格（本体）＋税